Jean-Pierre VIGNEAU

Climatologie

ARMAND COLIN

Dans la même collection

L'industrie
Définition et répartition mondiale
Michel Battiau

Les fondamentaux de la géographie
Sous la direction d'Annette Ciattoni et d'Yvette Veyret

Le tourisme
Jean-Michel Dewailly, Émile Flament

La population mondiale
Répartition, dynamique et mobilité
Olivier David

Les espaces ruraux
Jean-Paul Diry

La mondialisation
Données, mécanismes et enjeux
Claude Manzagol

Les littoraux
Entre nature et aménagement
Alain Miossec

Hydrologie
Mers, fleuves et lacs
Laurent Touchart

Géo-environnement
Yvette Veyret

Cartographie
SIG et télédétection
Jean Steinberg

Les figures ont été réalisées par Mme A. M. Barthélemy
Ingénieur d'Études, Cartographe à l'Université de Paris 10

ISBN 2-200-26759-2

TABLE DES MATIÈRES

INTRODUCTION

Le contenu de la *climatologie* est sans ambiguïté : c'est la *science du climat et des climats.* Mais le sens de « climat » n'ayant cessé de se modifier, il faut s'attarder un instant sur ce mot. Étymologiquement, il dérive du grec *klima* signifiant « inclinaison ». Pour les anciens qui croyaient la terre immobile, il s'agissait de l'inclinaison de la voûte céleste ; depuis la révolution copernicienne, il s'agit de la hauteur du soleil au-dessus de l'horizon. Cette inclinaison renvoie clairement à la notion de latitude : donc, en première approche, un climat caractérise une *zone,* au sens originel et précis du terme, c'est-à-dire une bande latitudinale délimitée par deux parallèles.

Très tôt, on a distingué les climats par leur niveau thermique, du froid au chaud. Mais, aux époques préscientifiques, on ne pouvait dépasser ce stade de pure constatation. Et, d'Aristote à Montesquieu, les *théories des climats* successivement proposées avaient pour seul objectif d'associer les caractères des peuples à la position de leurs territoires ! À partir du XIXe siècle, on a pu disposer de mesures et de descriptions (température, pression, pluviométrie, vents, état du ciel...) en nombre suffisant pour passer au stade suivant : essayer de saisir les conditions atmosphériques selon les cycles saisonniers, et ce à différentes échelles spatiales.

À ce stade, la spécificité de l'étude du climat est nettement apparue. Elle s'attache non pas à quelque élément plus ou moins durable du milieu (tels le relief et la végétation), mais à du « mouvant » : l'atmosphère qui circule au-dessus (nous ne respirons jamais le même air !). Certes le climat caractérise l'interface entre atmosphère et substrat terrestre — et le rôle de ce dernier ne doit pas être négligé —, mais c'est dans la première que sont faites les mesures. On conçoit alors la difficulté à saisir une permanence, ou du moins une régularité, dans le déroulement des *météores,* c'est-à-dire des manifestations complexes et variées du fonctionnement aérologique.

Sans doute à cause de cette double liaison à l'atmosphère et au territoire, l'étude du climat a donné naissance à deux sciences parallèles et complémentaires :

– la météorologie a d'abord mesuré ces manifestations aérologiques ; puis elle a tenté de les comprendre ; ensuite elle a cherché à les prévoir ;

– la climatologie a commencé par collecter les relevés ; puis elle en a dressé les statistiques ; ensuite elle a utilisé ces résultats pour individualiser des types climatiques.

Mais, même si la première a donné la priorité aux causes (à la physique de l'atmosphère), la seconde aux effets (à sa traduction concrète), les champs de deux sciences se sont chevauchés à partir de la seconde moitié du XXe siècle. Ainsi, cet ouvrage envisage les deux aspects, mais sans entrer dans les analyses physiques et les détails techniques. En outre, il décrira l'émergence d'une nouvelle climatologie, à la fin du XXe siècle.

Hors de toute évolution scientifique, la notion de climat conserve une valeur synthétique qui limite son usage à une caractérisation globale. Le discours climatologique doit donc s'appuyer sur un vocabulaire diversifié et adapté. Par exemple, il serait aberrant de dire : « Aujourd'hui, le climat est beau » ; et tout aussi impropre de dire : « Aujourd'hui, la météo est ensoleillée ». La formulation adéquate dépend du point de vue adopté :

– point de vue des causes. Si l'on fait référence à la circulation générale, on dira : « Aujourd'hui, la *situation météorologique* est anticyclonique » (il s'agit de la situation que montre la carte synoptique). Si l'on fait référence à la dynamique verticale de l'air, on dira : « Aujourd'hui, la *structure aérologique* est subsidente » (il s'agit de la stratification des couches d'air) ;

– point de vue des effets. Si l'on fait référence à l'état du ciel, tel qu'on le perçoit immédiatement, on dira : « Aujourd'hui, le *temps* est beau. » Si l'on fait référence à ce qui est plus précisément ressenti, on dira : « Aujourd'hui, *l'ambiance* est ensoleillée, calme, peu humide… »

À ce propos, on regrettera l'ambivalence du mot français « temps » qui se rapporte à la fois à la durée et à l'état du ciel ; ambivalence inconnue en anglais (*Time-Weather*) ou en allemand (*Zeit-Wetter*). Il s'ensuit, d'ailleurs, l'absence d'adjectif, parallèle à temporel pour la durée, et qualifiant l'état du ciel. Faut-il fabriquer « tempsiel » ?

Dire ce que le climat n'est pas, ne dispense pas de le définir. L'exercice est ardu. Comment faire simple… sans escamoter la complexité ? Deux définitions ont connu un succès certain. Celle de Julius Hann (1882) voit dans le climat *l'ensemble des phénomènes météorologiques qui caractérisent l'état moyen de l'atmosphère en un point de la surface terrestre.*

On lui a reproché de trop insister sur l'état moyen, celui qui ne se réalise jamais. Celle de Max Sorre (1934) met l'accent sur la perception du climat, considéré comme *l'ambiance atmosphérique constituée par la série des états de l'atmosphère au-dessus d'un lieu dans leur succession habituelle.*

Les seuls reproches qu'on puisse lui faire résident dans le peu d'importance accordé au versant explicatif et l'oubli des phénomènes exceptionnels. Toutefois l'une comme l'autre valent pour un très petit espace (un point, un lieu) ; elles ne prennent en compte ni les vastes unités spatiales, ni la dimension globale.

Afin de n'oublier aucun aspect, il convient de varier les optiques et les échelles spatio-temporelles. Ainsi, on peut proposer :

– le climat de la terre consiste dans le fonctionnement de la composante atmosphérique du système terre aux mécanismes complexes et à l'équilibre fragile. Ce jeu induit l'individualisation de vastes

ensembles spatiaux, différenciés par les grands traits de leur ambiance perçue au pas de temps annuel ;
– le climat d'un secteur plus restreint, voire d'un lieu, se caractérise par l'ambiance globale résultant de la succession des situations et structures qui y produisent des temps variés et de l'intégration de toutes les ambiances instantanées, habituelles ou rares.

Dans cet ouvrage, on présentera l'organisation du système et l'on décrira les grands traits de son fonctionnement (chapitres 1 à 4). Puis, on montrera la diversité des types climatiques existants, principalement, mais non exclusivement, en fonction de leur latitude (chapitres 5 à 7). Enfin, on abordera la relation homme-climat, en décrivant l'impact des conditions climatiques sur la vie des sociétés et, une fois cadrées les variations naturelles, en discutant de l'impact en retour des activités humaines sur le climat (chapitres 8 à 10).

ANALYSE ET SYNTHÈSE

1

LES FONDEMENTS DU SYSTÈME CLIMATIQUE

Le climat, avec la multiplicité des temps, avec l'extrême diversité des ambiances à la surface de la terre, avec ses irrégularités sur le court et le long termes, résulte d'un fonctionnement complexe. Ce dernier est produit par un *système* original et ouvert, fondé sur la présence d'une enveloppe atmosphérique, sur une base énergétique (le soleil), sur les effets de la forme et des mouvements du globe.

Ce fluide entoure la planète d'un matelas d'environ 1 000 km d'épaisseur, aux caractéristiques variant de la base au sommet. Sa composition gazeuse est déterminante, tout comme son contenu en matières solides et liquides.

Le rayonnement solaire intercepté par le globe terrestre est transformé, d'abord lors de sa traversée de l'atmosphère en direction de la surface, puis par le substrat lui-même, enfin lors de la traversée retour en direction de l'espace. Les formes prises par cette énergie contrôlent les grands processus climatiques.

La sphéricité de la terre différencie l'apport énergétique à la surface en fonction de la latitude. Un contraste majeur oppose donc les basses latitudes, chaudes, et les hautes latitudes, froides.

En liaison avec l'océan, l'atmosphère réalise les indispensables transferts de chaleur entre latitudes. Ces échanges maintiennent, en tout lieu, une température moyenne à peu près constante, du moins à l'échelle de la vie humaine…

L'atmosphère, une enveloppe feuilletée et complexe

L'atmosphère est un milieu fluide retenu autour de la planète par la force de gravité. Elle oppose une résistance à tout déplacement car elle a un poids que traduit la *pression atmosphérique.* Toutefois sa densité décroît très vite avec l'altitude. Elle mêle de nombreux gaz et transporte des masses de particules ainsi que de l'eau liquide et solide.

La structure verticale

Une coupe de l'atmosphère montre d'abord un fort *gradient vertical de pression,* c'est-à-dire une variation rapide par unité de distance. La décroissance spectaculaire, mais régulière, suit grosso modo une fonction logarithmique, ce qui justifie l'échelle adoptée sur la **figure 1**. On y lit que la moitié de la masse atmosphérique se situe au-dessous de 5,5 km d'altitude.

En revanche, la variation de température est beaucoup plus complexe. Le gradient, correspondant à une baisse dans les premiers kilomètres au-dessus de la surface, s'inverse ensuite plusieurs fois, faisant apparaître une succession de couches. La première inversion, appelée *tropopause,* sépare la partie basse ou *troposphère* de la *stratosphère.* Dans cette dernière, la température s'accroît du fait de la chaleur dégagée par les réactions chimiques naturelles produisant et détruisant l'*ozone* (O_3). Plus haut encore, on trouve la *mésosphère,* plus froide, et enfin la *thermosphère,* plus chaude mais à densité dérisoire.

La troposphère nous intéresse au premier chef parce que c'est en son sein que se déroule l'essentiel des phénomènes météorologiques. La tropopause constitue donc une limite fondamentale.

La composition de l'atmosphère

La turbulence de l'air amalgame, de façon grossièrement homogène, les divers gaz qui le composent. Les deux principaux : *azote* et *oxygène* (respectivement 78,08 % et 20,98 % en volume) laissent très peu de place aux autres. D'où la dénomination de *gaz rares* (argon, néon, krypton, xénon, hélium...) ; la plus faible teneur correspondant à *l'hydrogène* (0,000 05 % !). En dépit de taux très faibles, certains n'en jouent pas moins un grand rôle climatique *(effet de serre) :* le *dioxyde de carbone* (CO_2) et le *méthane* (CH_4). Il convient d'y ajouter un gaz, d'ordinaire non pris en compte dans cette composition, parce que sa part est extrêmement variable dans le temps et l'espace : il s'agit de la *vapeur d'eau,* une des clefs du fonctionnement climatique.

L'atmosphère prend également en charge de nombreux corps liquides et solides, par exemple des poussières très fines, microscopiques. Ces *aérosols* ont une double origine : naturelle (volcanique, océanique, végétale...) et anthropique (fumées des diverses combustions, produits chimiques... sans compter des particules radioactives). L'atmosphère véhicule enfin de considérables masses d'eau liquide et solide.

Fig. 1 – **Coupe verticale de l'atmosphère**

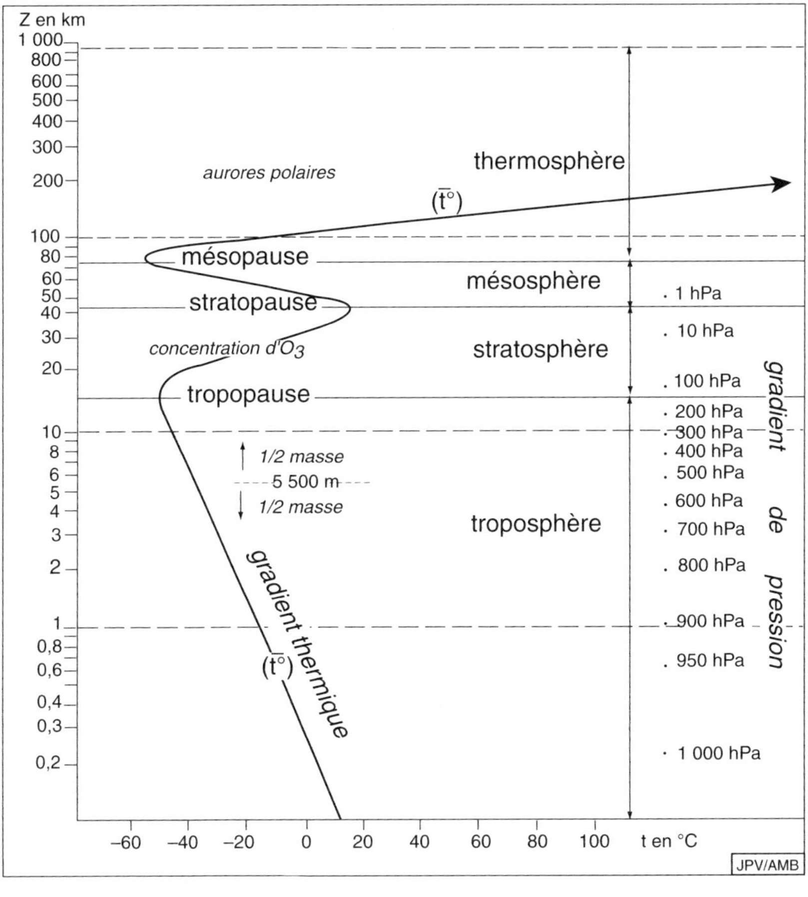

L'eau atmosphérique

Dans l'atmosphère, l'eau existe sous ses trois états (gazeux, liquide, solide). L'air n'y est jamais vraiment « sec » puisque la vapeur d'eau y est toujours présente. On la mesure à l'aide du *rapport de mélange,* en grammes par kilogramme d'air (le poids de cette vapeur étant exclu). Mais l'air ne peut indéfiniment l'absorber. Sa capacité à le faire est une fonction non linéaire de la température : elle est très faible aux plus basses températures, de plus en plus importante à mesure qu'elles sont plus élevées (**figure 2**). Cette valeur maximale est appelée *seuil de saturation.* Pour caractériser les teneurs inférieures à ce seuil, on calcule *l'humidité relative* qui correspond au pourcentage de ce qui est contenu par rapport à ce qui saturerait l'air à cette même température. Par exemple, un air à 20 °C est saturé par 14,8 g/kg (l'humidité est alors de 100 %) ; si le rapport n'est que de 8 g/kg, l'humidité relative vaut :

8 × 100/14,8 soit 54 %. Quand les teneurs sont supérieures, l'excédent de vapeur est condensé sous forme de *cristaux de glace* (solide) si la température est très basse, ou de *gouttelettes* (liquide) dans le cas contraire. Les uns et les autres constituent alors de *nuages* ou des *brouillards.*

Fig. 2 – **La loi de saturation de l'air en vapeur d'eau en fonction de la température**

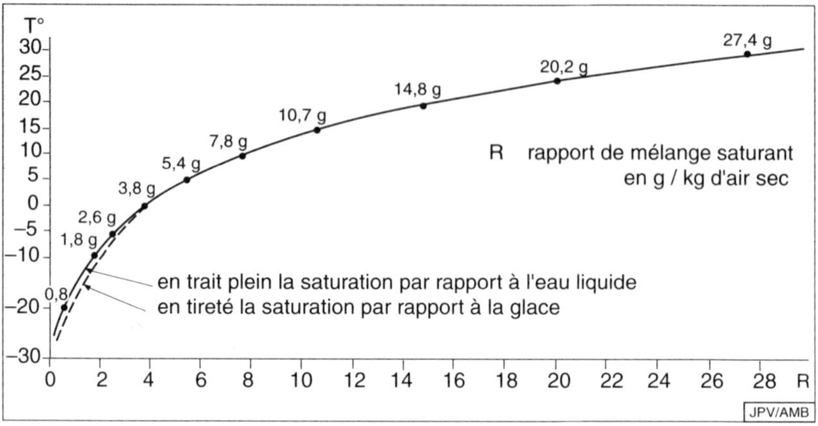

Les avatars de l'énergie solaire

La terre, prise dans sa globalité, reçoit une copieuse énergie d'origine solaire… avant de la réexpédier vers l'espace. Mais, l'atmosphère qui s'interpose sur le trajet ainsi que le substrat lui-même modulent ce flux et dégradent (c'est-à-dire transforment) cette énergie. Ces dégradations déterminent largement le fonctionnement climatique.

Le filtrage par l'atmosphère

L'énergie solaire est de forme radiative. La température du soleil (5 377 °C) explique son large spectre : des *ultraviolets* (UV) aux *infrarouges* (IR), en passant par le *visible.* La part qui est interceptée par la terre vaut, en moyenne, 342 W/m^2, avant qu'elle ne pénètre dans l'enveloppe atmosphérique (**figure 3**). Pour mieux suivre ses dégradations, on remplacera cette valeur par l'indice 100.

Dans la stratosphère, un premier effet de filtre se produit, avec l'interception d'une bonne partie des ondes les plus courtes (UV) par l'ozone ; un processus essentiel qui rend possible la vie sur terre. De façon plus générale, la part d'énergie *absorbée* dans cette « descente » atteint 22 %. Les 78 % restants ont ensuite affaire au *trouble* de l'atmosphère, c'est-à-dire aux innombrables particules qui les réfléchissent partiellement, tout comme le sommet des nuages ; cette réflexion, dite *albédo atmosphérique,* renvoie quelque 26 %.

Fig. 3 – **Effet de filtre et effet de serre**

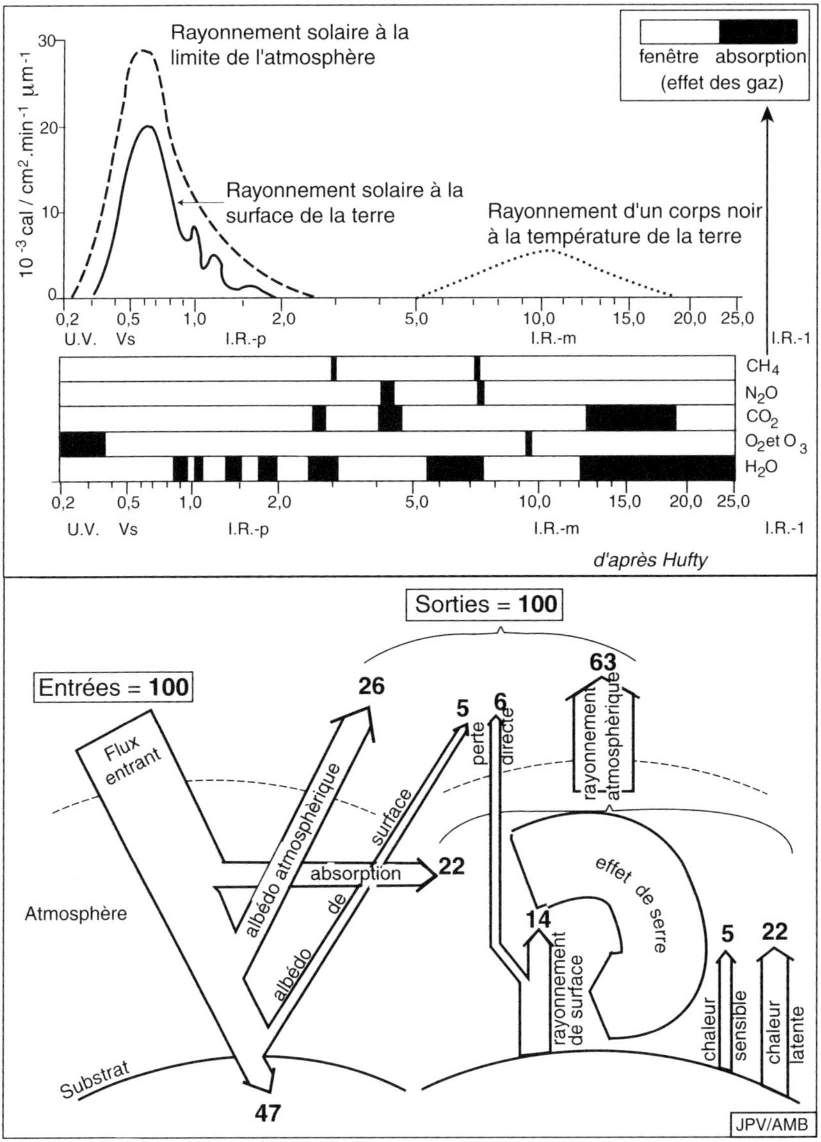

Le flux se trouve donc réduit à 52 % : c'est *le rayonnement global,* composé du *rayonnement direct* et du *rayonnement diffus* filtré par les nuages. Mais, lorsqu'il atteint le substrat océanique ou continental, une part supplémentaire est réfléchie, équivalant à 5 % et appelée *albédo de la*

surface. Ce que la surface reçoit se limite finalement à 47 % de l'énergie intiale (soit 161 W/m^2).

L'effet de serre

Les 47 % reçus par la surface sont plus ou moins longtemps stockés, mais finalement restitués et donc livrés à l'atmosphère.

Parmi les trois formes de restitution, il y a d'abord une part radiative qui équivaut à 42 % des 161 W/m^2, soit 20 % de l'énergie initiale. En effet, le substrat émet un rayonnement qui, du fait de sa température moyenne de 15 °C, se situe dans le seul infrarouge et nous est donc invisible (**figure 3**). C'est alors que se place un phénomène décisif. Cette *radiation* IR a du mal à traverser l'atmosphère parce que l'eau et les gaz à *effet de serre* forment un écran efficace qui tend à la renvoyer vers la surface. Une sorte de va-et-vient entre haut et bas s'effectue et tout se passe comme si ce rayonnement agissant sur les basses couches était beaucoup plus fort. Le résultat en est spectaculaire : sans cet effet de serre, la température moyenne au niveau de la mer serait de –18 °C, soit 33 °C de moins que ce qu'elle est. Cet effet naturel est déterminant pour l'ambiance thermique.

Les transferts de chaleur

Le reste de l'énergie reçue est restitué sous forme de chaleur, mais deux types distincts de chaleur :

– la *chaleur sensible* (5 %), immédiatement perceptible. Le substrat la cède par *conduction*, c'est-à-dire simple contact, à l'air sus-jacent qui s'en trouve réchauffé ;

– la *chaleur latente* (22 %) non immédiatement perceptible. Le transfert résulte alors du double jeu de l'*évaporation* (passage de l'eau liquide au gaz vapeur d'eau) et de la *condensation* (passage de la vapeur au liquide lors de la création des nuages). La première consomme de l'énergie, la seconde en libère. Ce transfert, qui s'accompagne donc d'une « mise entre parenthèses » temporaire de l'énergie, est caractéristique des changements d'états de l'eau. Il joue également pour l'eau solide (**figure 4**).

En cumulant les apports, on constate que l'atmosphère est à même de renvoyer tout ce qui y a pénétré : les sorties (100) égalent les entrées. À l'échelle globale, c'est-à-dire la planète entière, le *bilan radiatif* est donc équilibré.

Des bilans zonaux contrastés

Au-delà du bilan global, il faut bien voir que la terre, parce qu'elle est une sphère, reçoit l'énergie de façon très inégale selon la latitude. Les contrastes qui en résultent créent une zonation thermique ; en outre, ils rendent indispensable un rééquilibrage entre hautes et basses latitudes. En cela, ils sont à l'origine de la circulation atmosphérique.

Des apports inégaux au substrat terrestre

L'incidence de la radiation solaire varie de l'équateur aux pôles. L'angle est maximal (proche de 90° à midi) autour du premier. Il diminue quand on

Fig. 4 – **États de l'eau et transferts de chaleur latente**

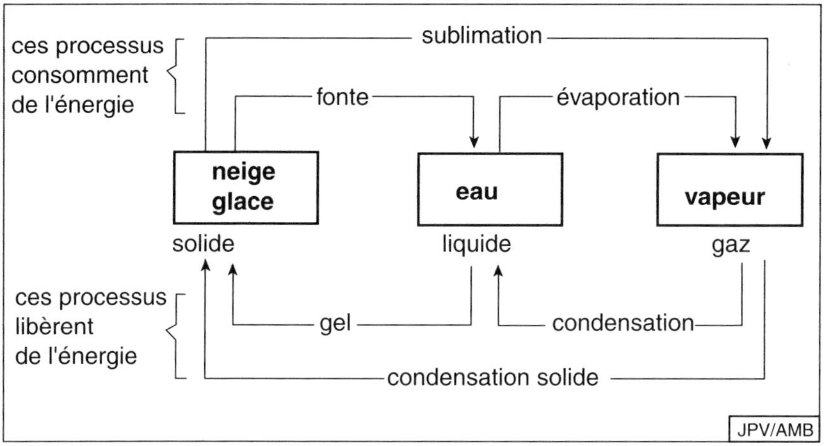

monte en latitude, avec un minimum dans la zone polaire où les rayons peuvent être tangents à la surface. Une même quantité d'énergie « arrose » donc une étendue de plus en plus vaste à mesure que la latitude croît, si bien que l'apport par unité de surface décroît fortement. Sans atmosphère, l'écart irait de 420 W/m^2 (à l'équateur) à 175 W/m^2 aux pôles (**figure 5a**).

Mais d'autres facteurs entrent en jeu qui compliquent la distribution. L'épaisseur de l'enveloppe atmosphérique traversée augmente, elle aussi, avec la latitude. Cependant, elle a moins d'impact que le trouble atmosphérique : densités des poussières et couverture nuageuse extrêmement diversifiées. Le rayonnement global (RG) reçu à la surface va de plus de 240 W/m^2, sur les océans équatoriaux, à moins de 80 W/m^2, sur les glaces polaires.

Intervient alors l'albédo du substrat dont l'efficacité contrastée est précisée dans le **tableau 1**. Dans le cas des pôles, on note un « effet en retour » qui aggrave leur infériorité. Faute de chaleur, ils sont froids. L'eau y est solide (neige et glace), donc l'albédo très fort. Une importante part du rayonnement est réfléchie ; le froid s'en trouve encore accru. Un tel enchaînement est qualifié de *rétroaction positive.*

Tab. 1 – **L'albédo de la surface terrestre**

Océan	*2 à 10 %*
Forêt équatoriale	*5 à 10 %*
Forêt boréale	*10 à 20 %*
Prairies et champs	*15 à 20 %*
Savane sèche	*20 à 25 %*
Sable sec	*25 à 30 %*
Neige vieille	*50 à 70 %*
Neige fraîche	*80 à 90 %*

Fig. 5 – **Les inégalités spatio-temporelles de l'insolation**

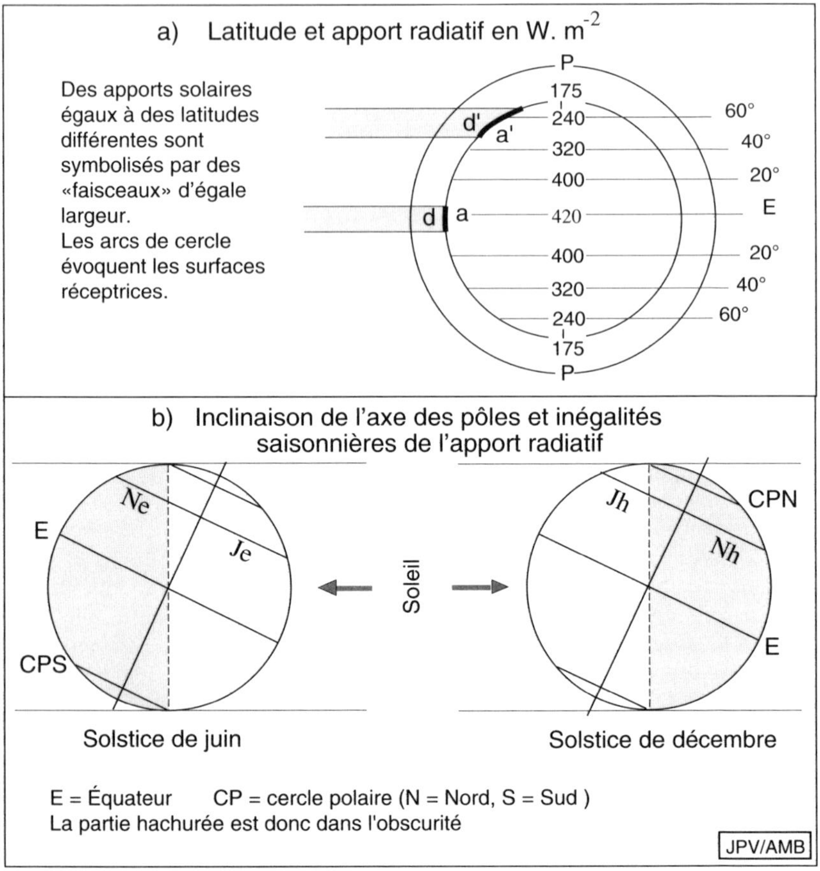

Une fois déduits l'albédo et l'émission IR du substrat, les inégalités sont flagrantes dans le *bilan de rayonnement* de la surface. Il reste plus de 160 W/m² pour les océans équatoriaux et plus rien (0 !) au-delà des 70es degrés de latitude N et S.

Un déséquilibre majeur pour l'atmosphère

L'inégalité latitudinale vaut également pour l'atmosphère. Les satellites ont permis de mesurer le rayonnement réémis à son sommet : il cumule ce qui a été absorbé par l'air à « l'aller » et ce qui a été restitué par la terre sous diverses formes. Il est, certes, maximal aux basses latitudes (jusqu'à 270 W/m²), mais important encore aux hautes latitudes (guère moins de

180 W/m²). Si l'on déduit ces « sorties » des « entrées » (c'est-à-dire du rayonnement incident diminué de la part réfléchie), on obtient un bilan pour l'atmosphère. Le *bilan radiatif annuel de l'atmosphère* se caractérise par une opposition fondamentale (**figure 6**) :

– l'atmosphère des basses latitudes reçoit plus qu'elle ne perd ; l'excédent s'y élève jusqu'à 80 W/m² ;

– celle des hautes latitudes perd plus qu'elle ne reçoit ; le déficit y atteint jusqu'à 110 W/m².

Fig. 6 – **Bilan radiatif de l'atmosphère**

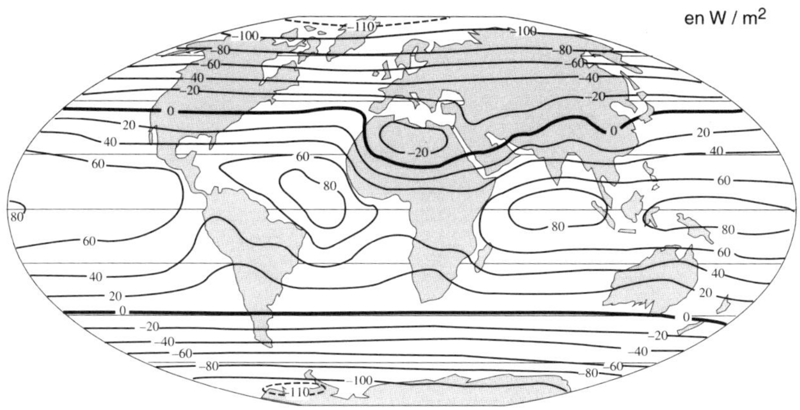

Source : Esbensen, Kusmir, Henning, Hufty ... JPV/AMB

La coupure se situe vers 38-40° de latitude. Cette ligne joignant tous les points où le bilan est équilibré correspond, à peu près, au tracé de l'isotherme annuelle 15 °C, celle où la température réelle (au niveau de la mer) équivaut à la moyenne du globe.

Mais la position de cette ligne fluctue au cours de l'année. À cause de l'inclinaison de l'axe des pôles sur le plan de l'écliptique, la durée de l'*ensoleillement* connaît des variations saisonnières de plus en plus importantes avec la latitude (**figure 5b**). Aux plus hautes s'opposent même six mois de jour et six mois de nuit. En conséquence, l'apport radiatif est très contrasté et donc les bilans saisonniers. Dans l'hémisphère qui est en hiver, le déficit s'étend davantage vers les basses latitudes, jusqu'au-delà du tropique ; dans celui qui est en été, l'excédent s'étend jusqu'aux alentours du cercle polaire. Les saisons astronomiques génèrent donc des *saisons thermiques* différenciées.

La redistribution du chaud et du froid

Si rien ne venait compenser le déséquilibre radiatif, la zone excédentaire centrale se réchaufferait sans cesse ; les deux zones déficitaires qui l'encadrent se refroidiraient inexorablement. Tel n'est évidemment pas le cas. Des échanges interviennent qui stabilisent leur niveau thermique, donnant une certaine *stationnarité* au climat (**figure 7**). Ces transferts s'effectuent grâce à la présence de deux fluides circulant sur le globe : l'air et l'eau.

Fig. 7 – **Les températures moyennes annuelles**

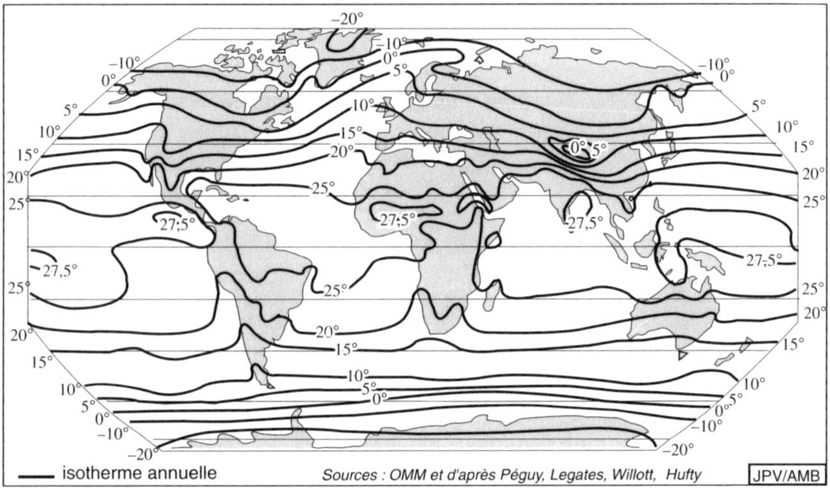

Les transferts atmosphériques consistent en d'amples déplacements de vastes volumes, ou *masses d'air,* qui réalisent des transports de chaleur sensible. Par exemple, des masses froides issues de l'Arctique et de l'Antarctique vont rafraîchir les latitudes excédentaires ; en compensation, des masses issues de ces latitudes chaudes exportent de la chaleur tropicale. S'y ajoute un appoint notable, sous forme de chaleur latente. Ainsi, l'énergie consommée par l'évaporation sur la zone chaude peut être libérée à des milliers de kilomètres, à d'autres latitudes, voire même dans la zone froide.

Les transferts océaniques participent à l'échange. Les courants froids et chauds déplacent de la chaleur en latitude ; ils communiquent leurs caractères thermiques à l'air qui circule au-dessus d'eux. En outre, les eaux encore tièdes s'avançant vers les hautes latitudes constituent un réservoir toujours disponible : l'air peut s'y recharger en vapeur et donc en chaleur et, un peu plus tard, permettre par condensation nuageuse un réchauffement atmosphérique.

Cette redistribution prend donc la forme d'une double circulation. La circulation atmosphérique et, d'une façon plus générale, tout le fonctionnement du système climatique apparaissent comme la manifestation et le résultat de l'indispensable rééquilibrage énergétique de la planète. On a d'ailleurs coutume de considérer le grand contraste énergétique entre zones comme le moteur du système, comparable à une machine thermique fonctionnant entre source froide et source chaude.

SYNTHÈSE

L'atmosphère superpose des couches dont la plus basse (la troposphère) constitue l'espace du climat. Elle mélange de nombreux gaz et véhicule des aérosols et de l'eau sous ses trois états. L'énergie solaire est réfléchie, ou absorbée, ou filtrée avant d'atteindre le substrat qui la restitue sous plusieurs formes. La réexpédition des IR est retardée par les gaz à effet de serre qui rendent la planète habitable. Celle des chaleurs sensible et latente complète le chauffage de l'air. À l'échelle globale, les sorties égalent les entrées. Mais, à cause de la sphéricité de la planète, le bilan moyen annuel est excédentaire aux latitudes inférieures à 40°, déficitaire aux latitudes supérieures. L'inclinaison de l'axe des pôles complique le schéma par la création des saisons. La circulation atmosphérique constitue, avec l'appoint de l'océan, la réponse à ce déséquilibre. Elle consiste dans le transfert de la chaleur vers les zones déficitaires, du froid vers les zones excédentaires.

Pour en savoir plus

H. Hufty, *Introduction à la climatologie*, Bruxelles-Québec, De Boeck-université Laval, 2001, 542 p.	L'ouvrage, très exhaustif, contient l'analyse la plus fine et complète des processus radiatifs et énergétiques.
P. Queney, *Éléments de météorologie*, Paris, Masson, 1974, 300 p.	Apporte les bases pour saisir structure et dynamique de l'atmosphère.

2

LA CIRCULATION ATMOSPHÉRIQUE GLOBALE

Il a paru souhaitable de substituer à l'expression « circulation générale », consacrée par l'usage, celle de « circulation globale » ; d'une part pour souligner l'influence écrasante de la sphéricité et de la rotation terrestres, d'autre part pour insister sur le jeu touffu des multiples interactions liant tous les aspects du système.

L'organisation générale en basses couches (page 23)

Selon la latitude, les flux prennent des orientations spécifiques qui s'ajustent à la répartition contrastée de la pression à la surface. Le tout se comprend référence faite à deux grands facteurs planétaires de déviation (tourbillon et Coriolis).

L'organisation dans l'épaisseur de l'atmosphère (page 26)

La troposphère présente de nettes discontinuités méridiennes que l'on schématise par le tracé de « cellules de circulation », différenciées par leur épaisseur et le sens du circuit que l'air y effectue dans le plan vertical, séparées par des contacts au rôle météorologique majeur.

La mobilité généralisée (page 27)

Le dispositif qui en résulte doit être conçu comme animé, tant l'ensemble de ses constituants est soumis à variations et déplacements.

L'incertitude sur les enchaînements (page 31)

En dépit d'une connaissance pointue des diverses dynamiques, on peine à proposer une explication globale cohérente.

L'organisation en basses couches

La circulation atmosphérique, vue en plan (partie gauche de la **figure 8**), peut se décrire sous le double aspect des *flux* (le déplacement concret) et du *champ de pression* (la répartition de la pression de l'air à la surface du globe). Les deux sont liés en ce que les « centres » de hautes ou de basses pressions commandent les trajectoires de l'air, tout en résultant de la dynamique horizontale et verticale des grandes masses.

Fig. 8 – **L'organisation de la circulation en plan et en coupe verticale**

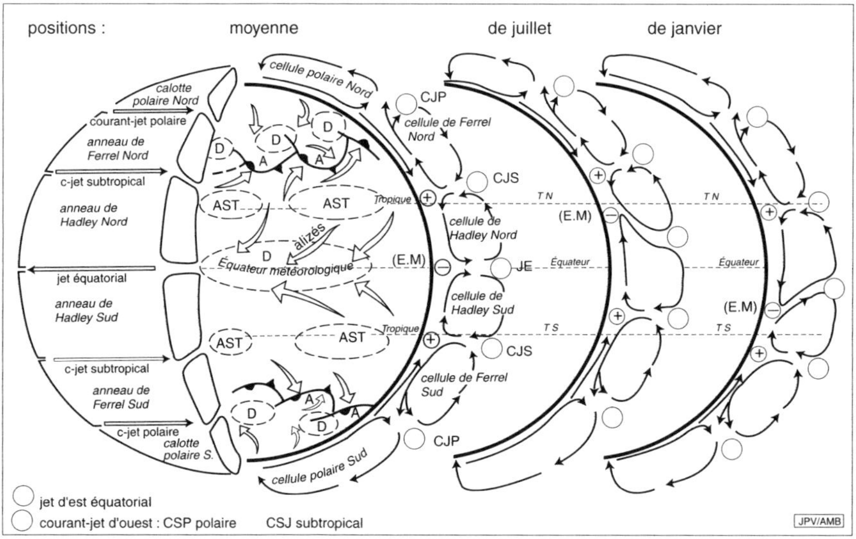

Les grands flux

Sur la figure 8, les flèches creuses schématisent les styles de circulation aux diverses latitudes. Le moins qu'on puisse dire, c'est qu'ils présentent une allure complexe. Certes, les sources froide et chaude échangent les masses qu'elles ont produites, mais les transferts, loin d'être simplement *méridiens* (nord-sud ou sud-nord), peuvent présenter une nette composante *zonale* (ouest-est ou est-ouest).

Les masses élaborées aux hautes latitudes (le terme froid de l'échange) s'écoulent vers les latitudes plus basses, plus ou moins canalisées, d'ailleurs, par les grands reliefs. Ces « descentes » froides se heurtent aux « remontées » chaudes compensatoires dans l'espace centré sur les latitudes moyennes. Mais, là, l'échange combine deux dynamiques complémentaires :

– d'une part, les deux écoulements se croisent, se dirigeant l'un vers le sud, l'autre vers le nord ; empruntant des fuseaux longitudinaux distincts ;

– d'autre part, l'ensemble tend à glisser, grosso modo, vers l'ouest, si bien qu'un même secteur connaît successivement les deux écoulements.

On a longtemps mis en avant cette seconde dynamique, privilégiant ainsi les *grands flux d'ouest.* En fait, cette composante résulte surtout d'une alternance de flux froids, à prédominance de nord-ouest, et chauds, à prédominance de sud-ouest (pour l'hémisphère Nord). Ce qui circule le plus nettement d'ouest en est, ce sont les *perturbations* nées dans les secteurs de plus vive opposition entre les deux flux majeurs (chapitre 4).

Aux approches des tropiques, latitudes dites *subtropicales,* les mouvements prennent un autre tour. On trouve là de véritables nœuds de la circulation :

– du côté des hautes latitudes, il y a, selon les longitudes, arrivée des flux polaires peu à peu réchauffés et départ des flux chauds ;

– du côté des basses latitudes, il y a émission des flux caractéristiques de la zone intertropicale : les *alizés* à la trajectoire variable, d'abord méridienne (vers l'équateur), puis largement zonale (mais ici d'est en ouest).

Au niveau de l'équateur, les alizés des deux hémisphères convergent l'un vers l'autre. On verra que ce contact se déplace en latitude selon la saison. Dans ce balancement, il est banal que l'alizé d'un hémisphère franchisse la ligne équatoriale ; ce flux, qui infléchit alors sa course vers l'est, devient une *mousson.*

Le champ de pression

Sa distribution spatiale juxtapose :

– des *anticyclones* ou *aires de haute pression* qui sont en état d'excédent vis-à-vis de la moyenne (1 013 *hectopascals* au niveau zéro). Cette surpression résulte soit d'un refroidissement à la base : l'air est d'autant plus dense qu'il est plus froid, soit d'un tassement du haut vers le bas que l'on nomme *subsidence* ;

– des *dépressions* ou *cyclones,* c'est-à-dire des *aires de basse pression* en état de déficit (P < 1013 hPa). Cette sous-pression résulte d'une *ascendance* produite par un appel vers le haut dû soit à un réchauffement par la base, soit à un *forçage* dynamique.

Aux latitudes polaires, l'air très refroidi se tasse dans les basses couches où règnent de puissants anticyclones *pelliculaires.*

En descendant vers les latitudes moyennes, le champ est fait d'une marqueterie mouvante d'anticyclones tantôt minces (air froid), tantôt épais (air chaud) et de dépressions autour desquelles vient s'enrouler l'air d'origine tropicale. Le tout tend à se déplacer, plus ou moins régulièrement vers l'est.

Aux latitudes subtropicales, les nœuds signalés ci-dessus correspondent à de vastes anticyclones où l'air est tassé sur une grande épaisseur. Ces *anticyclones subtropicaux* – on écrira AST –, réalimentés et reconstruits en permanence, présentent une mobilité apparemment limitée.

Aux basses latitudes, la convergence des alizés provoque une vigoureuse ascendance, favorisée par la chaleur du substrat et entretenue par la libération de chaleur latente. Elle crée donc une « auge » de basses pressions, continue autour du globe mais fluctuant avec la saison. On la nomme aujourd'hui *équateur météorologique (EM),* de préférence aux appellations anciennes comme *convergence intertropicale (CIT).*

Les contraintes globales

Pour saisir les jeux des flux et du champ, il faut faire appel à deux grandes « forces » liées à la rotation du globe et génératrices d'une certaine inertie aux répercussions capitales.

Fig. 9 – **Les effets globaux de déviation**

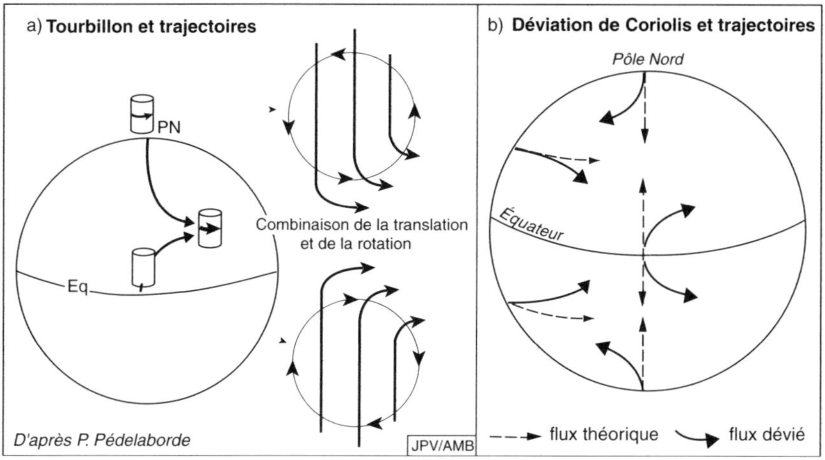

La force du *tourbillon* provient des mouvements de notre planète ; l'explication en est complexe (**document page 145**). Elle a pour effet (**figure 9a**) de dévier vers l'est toute colonne d'air se dirigeant vers les latitudes moyennes, à condition qu'elle conserve son épaisseur et ce, qu'elle parte des pôles où le tourbillon est maximal ou de l'équateur où il est nul.

La déviation de *Coriolis* résulte de l'inégale vitesse linéaire des points de la surface terrestre selon leur latitude. Un point sur l'équateur parcourt 40 000 km en 24 heures (soit : 1 666 km/h) ; le pôle ne parcourt rien (vitesse nulle). Or, ces vitesses, communiquées à l'air, se conservent lorsque celui-ci change de latitude. Concrètement, tout mobile en déplacement est dévié vers la droite dans l'hémisphère nord, vers la gauche dans l'hémisphère sud (**figure 9b**). Ainsi, une parcelle d'air, quittant l'équateur où la vitesse est maximale et se dirigeant vers des latitudes supérieures, possède un excédent de vitesse par rapport à sa destination : elle est donc déviée vers l'est...

En outre, cette déviation fournit la clef du rapport pression/flux (**figure 10**). En effet, elle contrebalance la force du *gradient de pression* (c'est-à-dire la différence de pression horizontale par unité de distance). De ce fait, elle empêche les anticyclones de se « vider » de leur excédent au profit des dépressions et maintient donc les contrastes dans le champ. En conséquence, les flux tournent autour de ces *centres d'action,* en suivant les *isobares ;* dans l'hémisphère Nord, dans le sens des aiguilles d'une montre autour des anticyclones, dans le sens inverse autour des dépressions. Du fait de la symétrie des hémisphères, les sens sont inversés dans l'hémisphère Sud.

Fig. 10 – **Champ de pression, gradient et flux**

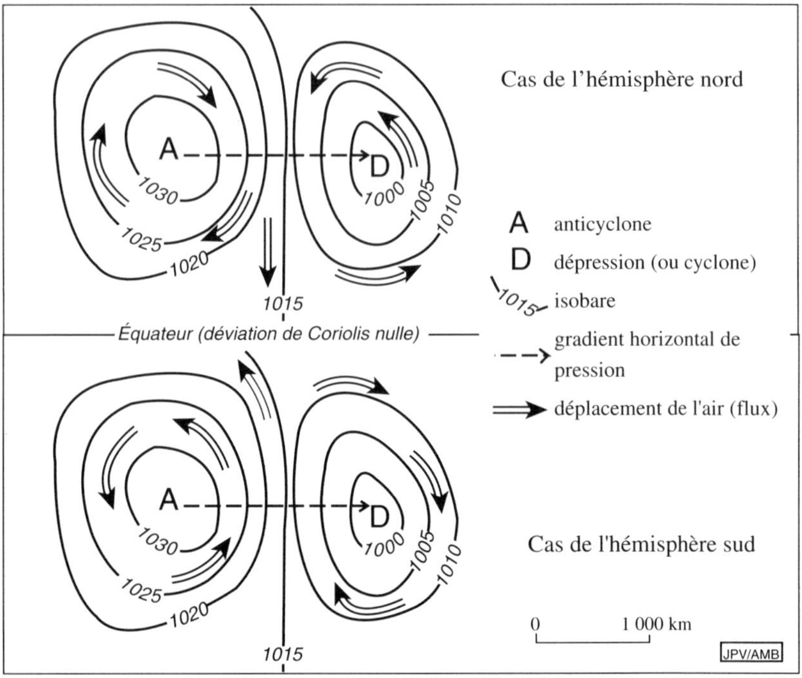

L'organisation dans l'épaisseur de l'atmosphère

Les mouvements verticaux s'opèrent dans la continuité des mouvements horizontaux. À la vue en plan, il faut donc ajouter une coupe verticale de la troposphère, siège de l'essentiel des phénomènes météorologiques. Il est clair que la coupe visible au centre de la figure 8 doit être prise comme une représentation extrêmement simplificatrice. Elle permet, néanmoins, de pointer certains traits majeurs du fonctionnement.

L'individualisation des cellules

Les forces qui tendent à dévier les transferts méridiens selon des composantes zonales aboutissent à la fragmentation de la troposphère en trois ensembles latitudinaux, à circulation propre, qui ont reçu l'appellation de *cellules de circulation.* Dans chaque hémisphère, on distingue donc : une cellule *polaire,* une cellule intermédiaire dite *de Ferrel,* une cellule tropicale dite *de Hadley.*

Elles ont des épaisseurs différentes, de l'ordre de 7 à 8 km pour la polaire, 10 à 12 pour celle de Ferrel, 15 à 17 pour celle de Hadley ; ce qui signifie que la tropopause, leur limite supérieure, présente une série de paliers.

Même si l'image est caricaturale, il convient de remarquer qu'il s'agit de circuits (très) partiellement fermés qui s'organisent en sens inverse d'une cellule à sa voisine. Considérons tout spécialement la circulation en basses couches :

– dans la cellule polaire, l'air froid s'écoule en direction des latitudes plus basses ;

– dans la cellule de Ferrel, on lit, au contraire, un déplacement vers les latitudes plus hautes. Toutefois, les descentes polaires se glissent souvent au-dessous de ces remontées et ce jusqu'à des latitudes variables selon le moment, la longitude et la saison ;

– dans la cellule de Hadley, le déplacement prédominant, toujours en basses couches, se fait en direction de l'équateur et de l'équateur météorologique : c'est la composante méridienne des alizés. Pour cause de symétrie des hémisphères, les sens s'inversent d'un hémisphère à l'autre et les deux alizés convergent.

Les spécificités de leurs contacts

Près de la tropopause, les contrastes de températures sont marqués d'une cellule à l'autre et, par conséquent, le gradient de pression ; ce qui détermine une circulation très rapide. Ce sont les *courants-jets* (C-J), représentés par des cercles sur la figure 8 du fait de l'exagération de l'échelle verticale, mais qui, en réalité, constituent des « tuyaux » très aplatis. Aux contacts polaire/Ferrel et Ferrel/Hadley, ils sont grossièrement dirigés d'ouest en est et peuvent être extrêmement puissants (jusqu'à plusieurs centaines de km/h). À la limite des cellules de Hadley nord et sud, où les contrastes sont réduits, le courant, plus faible et inconstant, circule à l'inverse d'est en ouest.

Au-dessous, les dynamiques se différencient selon les contacts :

– à l'EM, la *convergence* des alizés est associée et aux basses pressions et à une vigoureuse ascendance. Cette dernière est d'ailleurs entretenue par la libération de chaleur latente produite par la formation de masses nuageuses, les plus épaisses de la planète ;

– au contact Hadley/Ferrel, l'effet est inverse. La forte subsidence de l'air d'altitude contribue à entretenir les AST. Dans ces anticyclones, tout mouvement important vers le haut est bloqué, ce qui rend impossibles l'épaississement des nuages et... les pluies. L'air subit une *divergence* qui le dirige alentour, tant vers les hautes latitudes que vers les basses. Ainsi se justifie l'image du nœud de circulation avancée plus haut ;

– an contact Ferrel/polaire, la dynamique est ambivalente. Là où (ou bien quand) les poussées polaires s'étalent vers les basses latitudes, les anticyclones dominent, et s'affirme le « couple » subsidence-divergence. Là où/quand les poussées tropicales remontent en latitude, c'est le couple convergence-ascendance qui l'emporte, associé à une dépression. Il s'ensuit la formation des puissants systèmes nuageux des perturbations.

La mobilité généralisée

Les échanges énergétiques, en créant les flux, induisent un mouvement perpétuel. Mais, en outre, l'intensité et la trajectoire de ces flux se modifient en permanence. Parallèlement, le champ de pression ne cesse de se déformer, peu en certains secteurs, beaucoup en d'autres. Cette variabilité de la circulation est sensible à toutes les échelles de temps et d'espace.

À toutes les échelles temporelles

D'un jour à l'autre, les situations météorologiques évoluent à tous niveaux :

– les courants-jets varient en puissance et décrivent des sinuosités (**figure 11**). Comme ils forment une limite entre des airs de température contrastée, toute poussée polaire se traduit par une concavité tournée vers les hautes latitudes, appelée *vallée planétaire ;* toute poussée tropicale correspond à une convexité tournée vers les hautes latitudes ou *crête planétaire.* Non seulement ces « méandres » se déplacent, mais ils peuvent se recouper : ainsi, de l'air froid isolé au cœur de la masse chaude constitue une *goutte froide* ;

Fig. 11 – **Circulations de haute et moyenne troposphères**

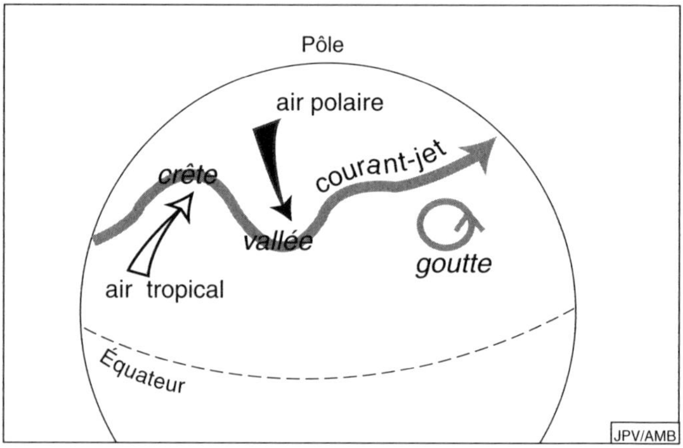

– les « expulsions » polaires procèdent par vagues successives ;

– les anticyclones et dépressions des latitudes moyennes glissent continûment, faisant tourner les flux généraux (et les *vents* concrètement ressentis), donc changer le temps ;

– les AST se déforment, fluctuant en latitude et longitude et impulsant des irrégularités dans l'alizé ;

– l'EM ondule, faisant varier l'ampleur de son activité.

À l'échelle de l'année, le système entier est affecté par un balancement évoqué par la partie droite de la figure 8. Ajoutant à la coupe verticale « moyenne » (aux *saisons astronomiques* intermédiaires) les coupes des saisons extrêmes (aux solstices), elle montre les déformations et déplacements des cellules :

– en hiver (janvier dans l'hémisphère boréal, juillet dans l'hémisphère austral), le déficit énergétique maximal fait gonfler la cellule polaire et multiplie les « coulées ». De ce fait, la cellule de Ferrel se décale vers des latitudes plus basses, et avec elle celle de Hadley ;

– en été (juillet au nord, janvier au sud), la réduction du déficit limite l'extension (et les coulées) de la cellule polaire ; celles de Ferrel et Hadley remontent en latitude.

Autrement dit, l'hémisphère en saison d'hiver connaît une expansion qui le fait déborder sur l'hémisphère en saison d'été. En juillet, Hadley sud a débordé sur l'hémisphère nord, avant d'être repoussé par Hadley nord (ainsi en janvier). La cellule qui avance se « glisse » sous celle qui recule. De ce fait, l'équateur météorologique s'éloigne de l'équateur géographique (au moins en basses couches) et prend une allure inclinée : EMI. Ce flux de basses couches qui franchit l'équateur n'est autre que la mousson.

Cette transformation saisonnière apparaît clairement à l'examen comparé des situations moyennes de surface (**figures 12 et 13**).

À toutes les échelles spatiales

Les mécanismes de convergence-ascendance et de divergence-subsidence, qui établissent le continuum entre mouvements horizontal et vertical, jouent un rôle fondamental dans l'organisation générale. Ils interviennent également, de façon décisive aux échelles plus fines, produisant, en plus petit, des effets similaires.

Fig. 14 – **Relations entre mouvements horizontaux et verticaux**

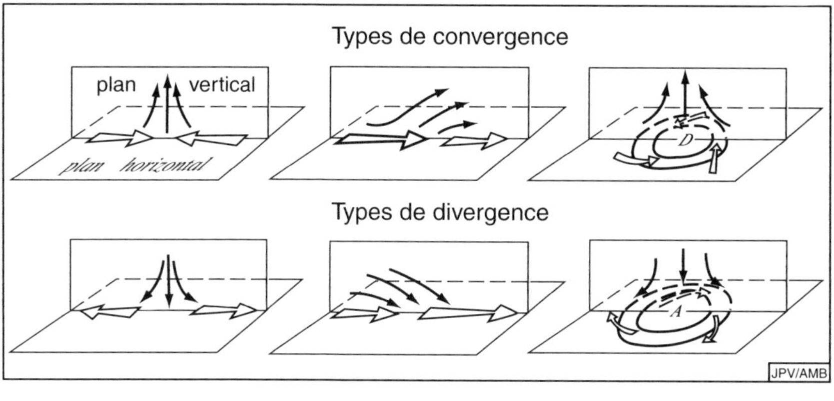

La **figure 14** propose un échantillon de processus qui déclenchent ces jeux :

– la rencontre (convergence) ou l'éloignement (divergence) de parcelles d'air de tailles variées ;

– les irrégularités dans l'écoulement : une accélération du débit à l'arrière suscite une ascendance, un ralentissement provoque une subsidence ;

– l'entraînement de l'air dans des tourbillons à *rotation cyclonique* (ascendance-convergence) ou à *rotation anticyclonique* (subsidence-divergence).

Fig. 12 – **Champ de pression moyen et grands flux en janvier**

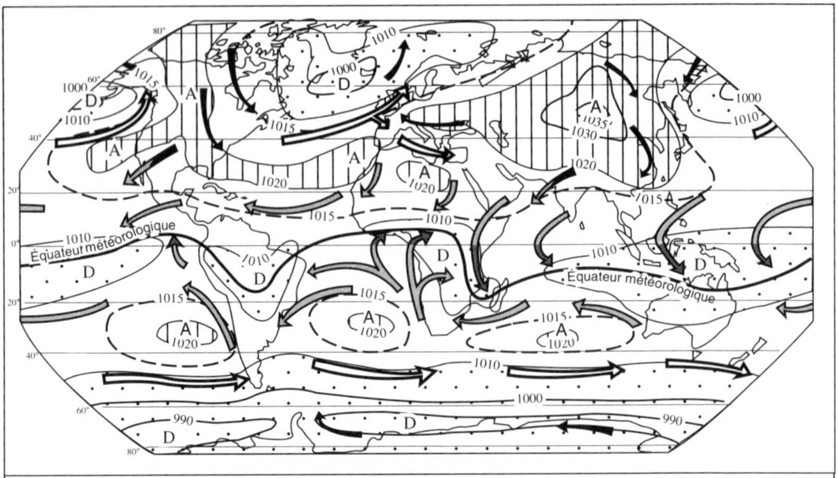

alizés
mousson
flux des moyennes latitudes (et trajectoires des systèmes perturbés)
flux des hautes latitudes et des espaces continentaux en hiver
aires de hautes pressions
aires de basses pressions

Fig. 13 – **Champ de pression moyen et grands flux en juillet**

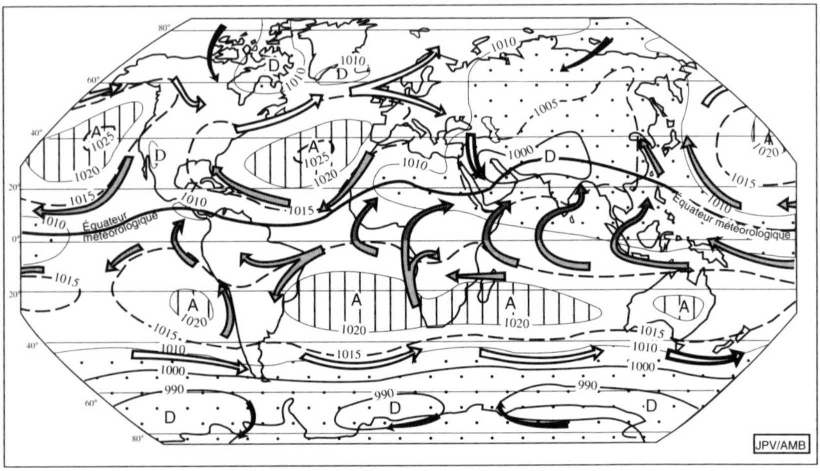

Ces phénomènes sont généralisés à cause des effets inégaux du frottement de l'air sur le substrat terrestre qui, en outre, apporte à cet air sus-jacent une énergie variable selon le lieu et le moment.

L'incertitude sur les enchaînements

Une fois mis en place les éléments principaux et les grands mécanismes du système climatique, il est aisé d'en saisir le fonctionnement, au moins dans ses grandes lignes. Dans le détail, les divers processus sont régis par des lois physiques, fort complexes, mais bien connues, et peuvent être décrits par des équations. Il y a donc possibilité de modéliser la circulation, de la simuler. Malgré la colossale puissance des calculateurs, la prévision ne vaut qu'à court terme (quelques jours), tant les modèles pourtant fort sophistiqués peinent à reproduire toute la complexité du réel. Surtout demeure un problème non résolu, celui du poids respectif des divers constituants du système : la théorie complète reste à faire.

Querelles d'écoles...

Diverses théories ont été proposées, mais pas assez solides pour résister à l'épreuve du temps. Elles ont évolué sous l'effet de deux aiguillons :

– les progrès techniques : généralisation des mesures (fin XIXe-début XXe siècles), pratique régulière des *radiosondages* (à partir des années 1930), apport des avions volant à haute altitude (Seconde Guerre mondiale) et enfin révolution du satellite ;

– les modes qui passent et qui reviennent. Ce va-et-vient dans la recherche des causes renvoie à un double dilemme : le froid ou le chaud ? Le haut ou le bas ?

La question froid ou chaud fait référence à la priorité donnée soit à l'air venu du pôle, soit à l'air venu du tropique. Au début du XXe siècle, le froid tenait la corde ! Il en subsiste des traces dans le vocabulaire. Le contact entre les deux airs autour des latitudes moyennes a longtemps été appelé *front polaire* bien que pouvant descendre fort bas en latitude. L'air séjournant à ces latitudes, même passablement réchauffé, est encore qualifié de polaire. Au milieu du XXe siècle, on a donné le premier rôle à l'air chaud parce qu'il dispense l'énergie aux latitudes déficitaires. Sans que le succès de la théorie soit pour autant définitivement assuré.

La question haut ou bas fait référence à la priorité donnée soit aux processus d'altitude, soit à ceux de basses couches. Jusqu'aux années 1940, faute de bien connaître la troposphère moyenne et haute, on la négligeait. Tout a changé avec la bonne connaissance de la circulation d'altitude. On lui a alors accordé un poids décisif, spécialement aux courants-jets qui ont paru tout commander, et ce, pendant quelques décennies. Mais à la fin du siècle, le débat a été rouvert.

Les avis sont partagés et/ou nuancés, parfois catégoriques. Un climatologue (M. Leroux) a lancé une théorie donnant une absolue priorité au froid et au bas. Pour lui, le moteur ce sont les coulées froides (nommées *anticyclones mobiles polaires,* AMP). Ces AMP bousculent l'air chaud, réalimentent les AST (nommés *agglutinations anticycloniques,* AA) et font sentir leurs pulsations jusque dans l'alizé et la mousson.

Une vision systémique

Autant donner son avis, pas plus, pas moins assuré que celui des autres. Les progrès dans la connaissance du système tendent plutôt à en souligner la complexité, à mettre en exergue le poids des interactions. Il semble nécessaire de se défier des causalités simples et de privilégier les fonctionnements interactifs. Deux exemples :

– pourquoi les dépressions des latitudes moyennes seraient-elles le produit, soit d'un courant-jet souverain, soit d'un AMP exclusif ? Pourquoi pas le produit conjoint des deux flux opposés, des deux dynamiques du bas et du haut, ou plus exactement, de toute l'épaisseur de la troposphère ?

– pourquoi les AST résulteraient-ils, soit de la seule recharge polaire, soit de la seule subsidence d'altitude ? Alors que les deux processus peuvent s'épauler…

N'est-il pas plus sage, pour l'instant, de considérer que le système climatique est un vrai système où les fonctionnements sont interdépendants.

SYNTHÈSE

La forme même de la planète et les effets de ses divers mouvements induisent un jeu de forces qui contrôlent les deux aspects complémentaires de la circulation : les flux et le champ de pression. Leur description fait ressortir une nette différenciation selon la latitude. L'examen de la tranche troposphérique fait apparaître une organisation verticale en trois cellules par hémisphère, à dynamiques distinctes responsables de contacts différenciés ; un schéma qui répond à celui de surface. Les composantes de la circulation se caractérisent, à tous niveaux d'altitude, par leur mobilité, d'ampleur certes inégale, mais qui entraîne une variabilité saisonnière et quotidienne des manifestations météorologiques. Cette circulation a beau être bien explicitée, tant dans sa globalité que dans ses détails, elle reste médiocrement expliquée : l'importance relative des facteurs et les liens de causalité sont toujours discutés.

Pour en savoir plus

M. Leroux, *La dynamique du temps et du climat*, Paris, Dunod, 2e éd., 2000, 367 p.	Une théorie générale cohérente et… très controversée.
P. Pédelaborde, *Introduction à l'étude scientifique du climat*, Paris, SEDES, 2e éd., 1970, 246 p.	Le manifeste de la « climatologie dynamique » (1re éd. en 1959).
J.-P. Vigneau, *Géoclimatologie*, Paris, Ellipses, 2000, 334 p.	Le chapitre 9 présente les écoles et montre les lacunes dans les théories anciennes et actuelles.

3

LE RÔLE DE LA SURFACE TERRESTRE

La terre commande le climat, non seulement par sa forme et ses mouvements, mais également par l'organisation de sa surface : répartition des océans et continents, disposition des reliefs, distribution des grands paysages végétaux, modes d'utilisation de leurs territoires par les sociétés... Ce chapitre développera surtout le rapport terre-mer. En effet, le fonctionnement des climats, leur agencement spatial et leurs grands traits originaux ne peuvent s'expliquer sans faire référence au binôme océan-continent. Il est utile de rappeler que les océans couvrent 71 % de la planète, avec une forte inégalité selon les hémisphères : 53 % au nord, 89 % au sud.

Des rugosités très inégales

Au contact de la surface terrestre, l'atmosphère exerce une friction d'autant plus sensible que c'est au plus bas niveau que sa densité est maximale. Les conséquences diffèrent fondamentalement selon la nature du substrat.

Sur l'océan, le contact entre les deux fluides a des effets visibles (houles et vagues). Mais la répercussion sur l'atmosphère est mineure ; il n'induit guère de déviation. Le flux reste parallèle aux isobares et le *vent* ressenti ne diffère guère du flux. Les centres d'action n'en sont guère affectés : le champ de pression se conserve, tout en se déplaçant selon les circulations préférentielles de chaque zone : le plus souvent d'ouest aux latitudes moyennes, d'est aux basses latitudes.

Fig. 15 – **Effet de la rugosité continentale**

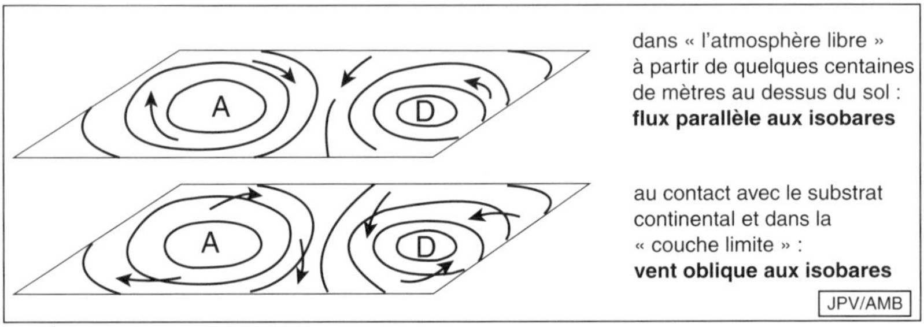

Fig. 16 – **La rugosité littorale**

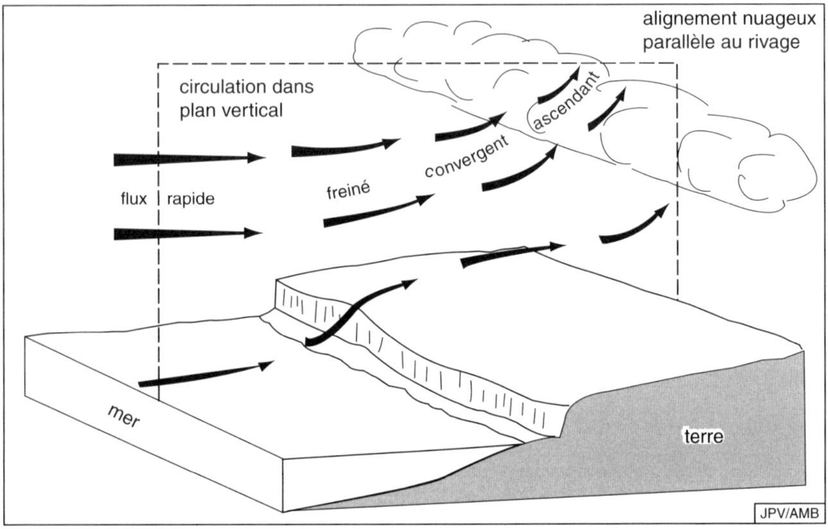

Sur le continent, solide, le fluide atmosphérique est nettement plus affecté. La déviation des flux qui en résulte (**figure 15**), bien que légère, altère progressivement le champ de pression. Au-delà du simple frottement, des modifications infinies sont provoquées par les inégalités de la topographie (faibles dénivellations) et de l'orographie (fortes dénivellations) :

– passant de l'océan au littoral, l'air est freiné. Ce ralentissement soudain détermine un effet de convergence et d'ascendance, parfois repérable à une barre nuageuse (**figure 16**) ;

Fig. 17 – **Barrière montagnarde et circulation**

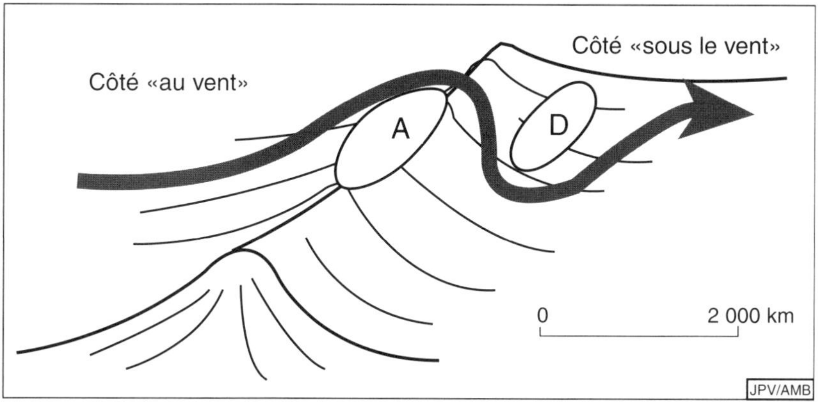

Fig. 18 – **L'effet de canalisation**

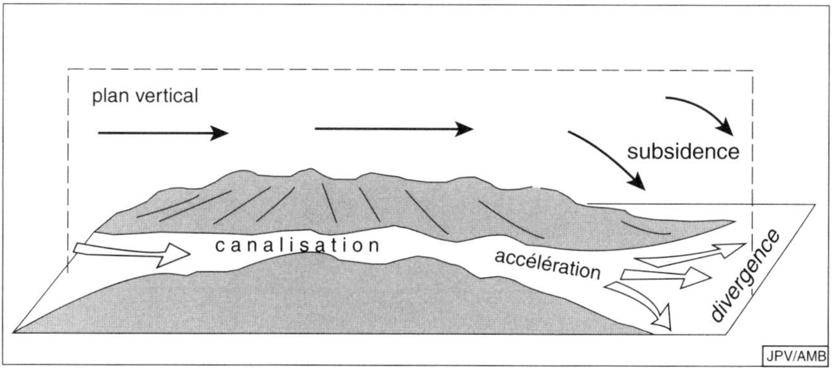

– le franchissement de tout relief entraîne des mouvements non seulement verticaux mais aussi horizontaux. La **figure 17** évoque l'impact des grandes barrières montagneuses. Le tassement de l'air « au vent » du relief génère des hautes pressions : un anticyclone que le flux doit contourner selon une *courbure anticyclonique* à laquelle répond, à l'aval « sous le vent » du relief, une *courbure cyclonique,* donc une dépression. En quelque sorte, la montagne intègre un champ de pression particulier au sein du champ général ;

– même les seuils entre les montagnes créent une dynamique. Pour peu que le calibre en soit irrégulier, ils déclenchent, par effet de tuyère, une accélération qui se traduit à la sortie par une divergence et une subsidence (**figure 18**). Tel est le cas du *mistral* ou de la *tramontane.*

Sur terre, le vent fait (presque) toujours un angle, plus ou moins fort, avec le flux.

Des effets thermiques largement différenciés

Les deux grands types de substrat accumulent de la chaleur qu'ils transfèrent vers l'atmosphère. Mais les modalités particulières à chacun introduisent des oppositions au plan des températures et des nuances sensibles dans la dynamique verticale de l'air.

Le stockage de l'énergie par le substrat...

L'océan accumule la chaleur parce que, avec son faible albédo, il en conserve l'essentiel ; parce que l'eau a une forte chaleur spécifique : il faut beaucoup d'énergie pour la chauffer, inversement elle en libère beaucoup en se refroidissant ; parce que le brassage de la couche supérieure (au-dessus de la thermocline) permet de constituer une réserve. L'océan libère lentement ce stock : on parle d'inertie thermique. En conséquence, la température de sa surface varie faiblement. L'*amplitude nycthémérale* (écart entre jour et nuit) et l'*amplitude annuelle* (écart entre les moyennes des mois le plus chaud et le plus froid) sont limitées à quelques degrés ; un caractère qui se communique à l'air sus-jacent.

Le continent accumule très peu car la conductivité de ce solide est réduite : la chaleur n'y pénètre guère, car sa chaleur spécifique est faible : il est facile à chauffer, mais aussi vite refroidi. Les amplitudes nycthémérales sont fortes là où l'apport diurne est important ; les amplitudes annuelles le sont également là où l'écart saisonnier est marqué.

En outre, le continent se présente comme une marqueterie aux très fortes variations d'albédo selon la nature du substrat et son utilisation par les sociétés. Il faut y ajouter les inégalités d'apport énergétique causées par le système de pentes. Là où le relief est prononcé, l'angle d'incidence change avec l'orientation des versants expliquant l'ampleur du contraste *adret-ubac,* spécialement aux latitudes moyennes où la hauteur apparente du soleil varie fortement selon la saison (**figure 19**).

... et sa livraison à l'atmosphère

Les modes de transfert de la chaleur à l'air, déjà exposés, distinguent, eux aussi, les deux grands types de substrat.

Les océans sont évidemment les plus à même de fournir la chaleur latente, ce fruit de l'évaporation. Certes les possibilités d'évaporation existent sur les continents : lacs, fleuves, sols... où vient s'ajouter une autre source : la transpiration des êtres vivants. L'*évapotranspiration* qui cumule les deux fournitures peut concerner de copieuses quantités dans les milieux

Fig. 19 – **Les jeux de l'exposition**

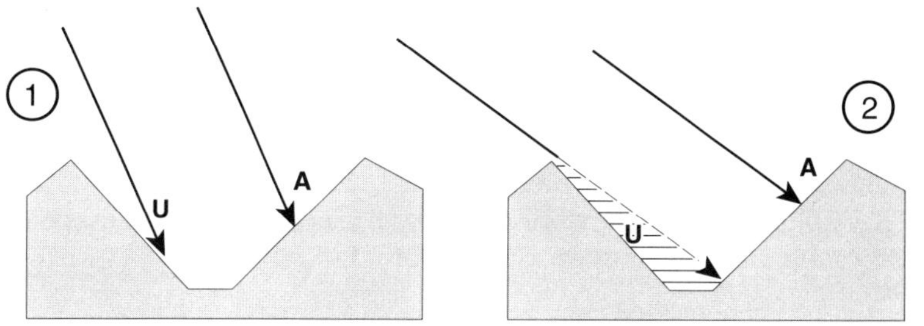

1 Soleil haut sur l'horizon (mais non à la verticale), l'adret A reçoit plus d'énergie que l'ubac U.
2 Soleil bas sur l'horizon, l'ubac U reste dans l'ombre.

JPV/AMB

très humides (forêt équatoriale), mais elle peut tomber à des valeurs dérisoires (déserts).

Le transfert de chaleur sensible par conduction s'opère partout à la surface ; mais ses effets sur la dynamique verticale de l'atmosphère sont plus variés, plus fragmentés et souvent plus marqués au-dessus des terres.

Les processus thermodynamiques

Soit, d'abord, le cas d'un substrat plus froid que l'air. L'effet produit sur les continents est appelé *processus radiatif* parce que c'est la perte d'énergie par rayonnement de la surface qui est responsable de son refroidissement. Les basses couches s'en trouvent refroidies, elles aussi ; elles deviennent plus denses. Par un froid très vif et durable, elles sont plaquées sur le substrat, dans l'impossibilité d'effectuer la moindre ascendance. La pression très accrue correspond à l'installation d'un anticyclone. Ce processus est quasi permanent aux pôles dont la production de masses froides est sans cesse renouvelée. Il est saisonnier sur les étendues continentales de l'hémisphère nord aux latitudes moyennes et plus élevées. Du fait de la brièveté des jours, des anticyclones puissants, bien que limités à 1 000-2 000 m d'épaisseur, s'établissent pour un très long hiver. Ailleurs l'effet est intermittent et beaucoup plus modeste. Il n'est pas inconnu sur certains secteurs océaniques : un tel refroidissement-tassement se produit par exemple au-dessus des courants froids et des remontées d'eaux profondes (*upwelling*).

Soit, ensuite, le cas d'un substrat plus chaud que l'air. L'effet est appelé *processus convectif* parce qu'il induit un brassage vertical de l'air. La chaleur est communiquée aux basses couches qui, réchauffées, acquièrent une moindre densité. On conçoit, par simple application du principe d'Archimède, qu'elles sont amenées à s'élever. Cette ascendance répartit la chaleur sur une certaine épaisseur. Compensée à quelque distance par des subsidences, elle tend à affaiblir le champ de pression à sa base. Le mécanisme agit au-dessus des secteurs océaniques chauds. Au-dessus des continents, il est efficace le jour, en saison chaude aux latitudes moyennes et toute l'année aux basses. Dans ces dernières, il participe au maintien de la ceinture de basses pressions.

Masses d'air, océanicité et continentalité

En conditionnant l'air, les grandes unités du substrat individualisent de vastes ensembles atmosphériques et génèrent des types d'ambiances nettement caractérisées.

La genèse des masses d'air

Quand de grands volumes d'air séjournent durablement (plusieurs jours) au-dessus d'un substrat homogène étendu sur des millions de km^2, ils acquièrent une belle homogénéité. La température de la base, sa répartition dans le plan vertical ainsi que la teneur en vapeur d'eau deviennent quasi uniformes au sein de ces unités dénommées *masses d'air.* Seuls les océans, les aires continentales et les espaces polaires (couverts d'eau solide) sont à même d'en produire. Une fois élaborées, ces masses se déplacent, entraînées dans la circulation autour des grands centres d'action, tandis que de nouvelles, très semblables, se reforment sur les mêmes espaces.

L'importance de leur rôle dans le fonctionnement du climat tient à leur propriété de ne guère se mélanger. À leur contact, la masse la plus dense (c'est-à-dire la plus froide) tend à se glisser sous la moins dense (la plus chaude) et donc à la soulever.

Les grands types

Ces masses ont fait l'objet d'une classification déjà ancienne selon une terminologie d'ailleurs discutable. Leur dénomination combine la latitude et la nature du substrat de leur espace d'élaboration. Il y a donc :

– les masses *arctiques* et *antarctiques,* les plus froides ;

– les masses dites *polaires,* et en réalité *infrapolaires.* Elles se répartissent en masses *continentales* et masses dites à tort *maritimes,* en réalité *océaniques.* Les premières sont caractéristiques de l'hiver dans l'hémisphère nord ; les secondes sont de toutes saisons aux latitudes moyennes, largement prépondérantes dans l'hémisphère sud ;

– les masses *tropicales* présentent la même dualité : *continentales* plus importantes au nord qu'au sud et *océaniques.* Elles effectuent de longs déplacements dans la zone chaude, pouvant franchir l'équateur pour alimenter une mousson dans l'autre hémisphère. Dans un même hémisphère, elles peuvent aussi monter en latitude pour aller au contact des masses précédentes.

D'une façon plus générale, les déplacements des masses et de leurs plans de contact constituent l'une des clefs de la *production du temps.*

Les grands styles d'influence

La prédominance d'un type de masse d'air constitue un facteur décisif de différenciation des climats. Là où s'étalent les masses océaniques : océans et certaines bordures de continents où leur déplacement n'est pas entravé, l'humidité relative est souvent élevée, les amplitudes thermiques sont réduites (**figure 20**). Les précipitations sont commandées par la seule vigueur des contacts ou *fronts* entre masses successives. Pour qualifier les grands traits de cette influence, on parle d'*océanicité*.

Fig. 20 – **Les amplitudes thermiques**

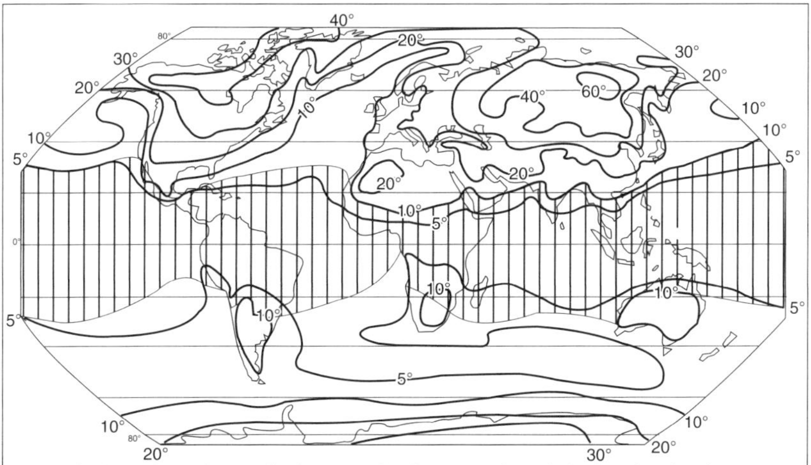

— 10° égales valeurs des amplitudes annuelles (moyenne du mois le plus chaud moins moyenne du mois le plus froid)

espaces où l'amplitude annuelle est inférieure à l'amplitude nycthémérale — appelée aussi amplitude diurne — (différence entre la moyenne des maxima journaliers et celle des minima journaliers)

JPV/AMB

On parle de *continentalité* là où s'étalent les masses continentales : continents mais également mers internes ou bordières. Les amplitudes thermiques, tant nycthémérales qu'annuelles, sont très marquées. Les ascendances sont vives quand l'emporte l'effet convectif (le jour, l'été aux latitudes moyennes) ; elles sont annihilées quand l'emporte l'effet radiatif (la nuit, l'hiver aux mêmes latitudes moyennes). Les ambiances sont rendues plus variées par toutes les modifications liées aux déviations par rugosité et aux mouvements verticaux dictés par le relief. De la sorte, des circulations réduites s'emboîtent dans la grande circulation.

Les traits majeurs de beaucoup de types climatiques sont très largement contrôlés par le « rapport de forces » entre océanicité et continentalité. Dans la zone tempérée, ce rapport change avec la saison : en hiver, les masses froides continentales peuvent recouvrir les littoraux, même ceux des façades occidentales car la circulation d'ouest est bloquée ; en été, l'influence océanique pénètre plus facilement par l'ouest car la chaleur a fait disparaître les anticyclones.

Stabilité et instabilité de l'air

Dans ses déplacements, l'air ne cesse de subir de multiples effets dynamiques et thermodynamiques dus au substrat. Les mouvements verticaux ainsi générés conditionnent l'état du ciel, le temps qu'il fait, les ambiances ressenties.

Les dynamiques verticales

Quand une masse d'air quitte son substrat d'origine et passe sur d'autres substrats, éventuellement variés, ses caractéristiques sont plus ou moins profondément modifiées. Sur les océans, seuls jouent les contrastes dans les températures de surface. Sur les continents, s'y ajoutent les multiples forçages induits par le relief. Aussi, des portions plus ou moins vastes de masses sont-elles entraînées dans des mouvements verticaux vers le haut ou le bas.

Fig. 21 – **Profils thermiques et dynamiques verticales**

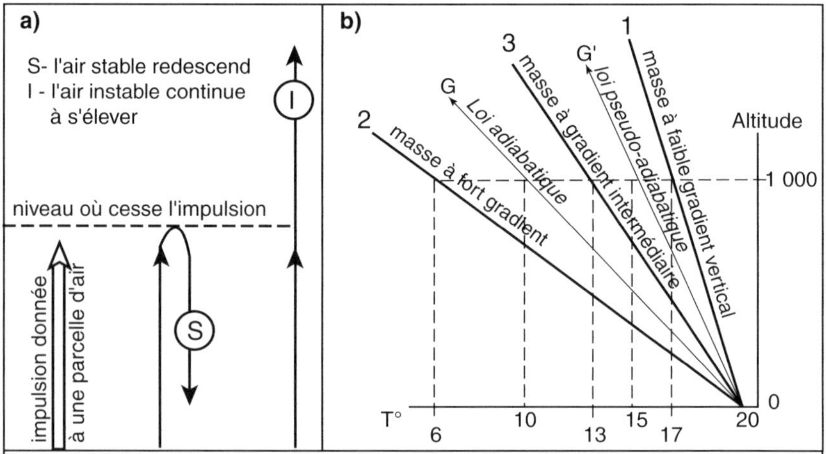

La masse d'air 1 est stable car toute parcelle saturée ou non saturée de son air subissant une ascendance reste plus froide, donc plus dense, que l'air non soulevé.
La masse d'air 2 est instable car toute parcelle ascendante saturée ou non est toujours plus chaude, donc moins dense, que l'air non soulevé.
La masse d'air 3 est stable si l'air est non saturé, instable si l'air est saturé.
JPV/AMB

Un air entraîné dans une subsidence est bloqué en basses couches. Le cas d'un air entraîné dans une ascendance est plus complexe : il s'élève tant que le forçage qui l'a déclenché perdure. Mais, ensuite, une fois que le forçage a cessé, deux possibilités se présentent. Ou bien l'air soulevé redescend pour retrouver son niveau initial, il est alors dit stable, ou bien il poursuit sa montée, il est alors dit instable (**figure 21a**) :

– la *stabilité* se réalise lorsque l'air soulevé atteint des niveaux dont l'air (qui n'a pas bougé) est plus chaud, donc moins dense ;

– l'*instabilité* se produit lorsque l'air ascendant reste le plus chaud. Il continue sa course vers le haut jusqu'à ce qu'il rencontre enfin une couche plus chaude (et moins dense). Une telle stratification à gradient thermique vertical inversé est appelée une *inversion.* Au maximum, l'air ascendant sera arrêté par l'inversion de la tropopause (figure 1).

Les lois de l'ascendance

Connaissant la température d'une parcelle d'air au niveau de départ de l'ascendance, il est facile de calculer la température de la même parcelle à tout niveau qu'elle atteint. En effet, la loi de refroidissement est universelle, identique en tous lieux et temps ; elle est dénommée *loi adiabatique* pour signifier qu'il n'y a pas d'échange de chaleur entre l'air ascendant et celui qu'il traverse (l'air est mauvais conducteur). Pour savoir si l'air ascendant se trouve alors en état de stabilité ou instabilité, il suffit de comparer sa température à celle de l'air immobile de même altitude. Or cette dernière est très variable selon les masses : chacune est caractérisée par une stratification thermique particulière, par sa propre décroissance de la température vers le haut ; on dit son propre *gradient thermique vertical* (**figure 21b**).

Toutefois, un facteur intervient qui modifie le processus : l'humidité de l'air soulevé. Plus elle est forte, plus vite la saturation sera atteinte pendant l'ascendance, plus tôt un nuage apparaîtra. Qui dit condensation, dit libération de chaleur latente : l'air nuageux s'en trouve réchauffé. Ce gain ne compense pas le refroidissement dû à l'ascendance, mais il le limite. Il faut utiliser une variante de la loi, dite *loi pseudoadiabatique* selon laquelle le refroidissement est plus lent. Les chances sont donc accrues que l'air ascendant reste plus chaud que les niveaux traversés, qu'il soit plus instable, qu'il monte plus haut. Ce comportement est décisif parce que l'intensité des précipitations dépend de l'épaisseur des formations nuageuses.

SYNTHÈSE

Alors que l'océan constitue un espace de libre circulation pour l'atmosphère, le continent impose de multiples forçages à l'écoulement : sa rugosité dévie les flux ; tout relief agit sur la dynamique de l'air. Tandis que l'océan constitue un formidable régulateur thermique, le continent exalte les contrastes à toutes les échelles d'espace et de temps. L'état thermique des substrats conditionne plus ou moins puissamment les mouvements verticaux. Il contribue également à générer une gamme de masses d'air bien individualisées, à produire deux influences antagoniques : océanicité et continentalité. Les ascendances sont conditionnées par la vigueur des impulsions données par la circulation générale et les substrats, par le gradient thermique vertical des masses et par leur humidité, tous facteurs qui déterminent l'état du ciel.

Pour en savoir plus

G. ESCOURROU, *Climat et environnement*, Paris, Masson, 1980, 182 p.	Analyse du fonctionnement propre à l'interface substratum-atmosphère.
J.-P. TRIPLET, G. ROCHE, *Météorologie générale*, École météorologique nationale, 2e éd., 1977, 317 p.	Exposé complet sur la dynamique verticale de l'atmosphère et les masses d'air.

4

CONDENSATIONS ET PRÉCIPITATIONS

L'interférence du système hydrologique avec le système climatique ne se limite pas à l'aspect énergétique précédemment décrit. Il faut envisager maintenant le parcours de l'eau dans l'atmosphère depuis son entrée par évaporation, jusqu'à sa sortie, c'est-à-dire le retour à la surface terrestre sous forme de précipitations. Ces dernières constituent une des manifestations essentielles caractérisant les climats.

La partie aérienne du cycle de l'eau (page 44)

Le transit incessant de l'eau dans l'atmosphère est indispensable au cycle de l'eau qui ne peut s'effectuer qu'en échappant à la pesanteur. On peut y distinguer deux processus préliminaires aux précipitations : la prise en charge de la vapeur, puis le passage aux états liquide ou solide, c'est-à-dire la formation des nuages.

Les modalités de la chute (page 46)

La précipitation est subordonnée à un considérable grossissement des produits de la condensation. Les formes que prend la chute dépendent de la répartition verticale de la température.

Les grands types de systèmes pluviogènes (page 48)

Les mécanismes produisant les précipitations combinent en général plusieurs facteurs d'ascendance. Le rôle des contacts entre masses d'air oppose les perturbations, qui sont extratropicales, aux systèmes propres à la zone chaude, jouant dans l'alizé et la mousson.

De la surabondance à la pénurie (page 52)

En fonction des dynamiques verticales, les apports pluviométriques sont extrêmement différenciés à la surface de la planète, y compris à l'intérieur d'une même zone.

La partie aérienne du cycle de l'eau

À tout instant, le contenu de l'air en eau est relativement réduit (130 000 km³, cent mille fois moins que dans l'océan). Mais il est renouvelé en permanence : une molécule y reste en moyenne dix jours. Ce transfert dans l'atmosphère consiste en un double changement d'état. Il y a d'abord, pour y pénétrer, passage à l'état gazeux, par évaporation ; il y a ensuite, pour pouvoir en sortir, retour à l'état liquide ou solide, par condensation.

Évaporation

La cession de vapeur à l'air est en partie commandée par le renouvellement de la basse couche en contact avec l'eau, l'agitation de l'air permettant la diffusion de ce gaz sur une certaine épaisseur. Le linge sèche plus vite s'il y a du vent !

Fig. 22 – **L'évaporation (brute) : moyenne annuelle**

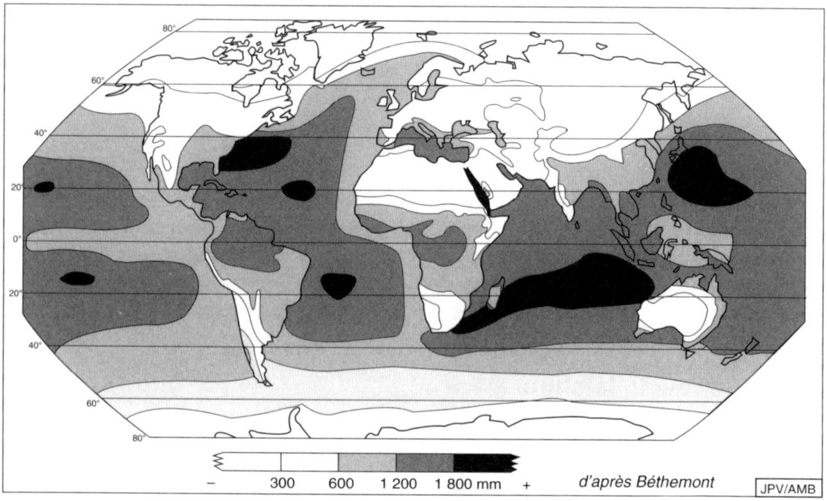

Toutefois, comme l'énergie dépensée dans l'opération est fournie par l'eau du substrat (océan, fleuve, lac, eau du sol…), le principal facteur réside dans la température de cette eau. C'est sur les océans chauds que l'évaporation est maximale (**figure 22**). Ils constituent donc la « source » d'eau pour le reste de la planète, du moins les océans subtropicaux et tropicaux où l'évaporation l'emporte sur les précipitations (E > P), car autour de l'équateur les pluies sont si copieuses que les précipitations excèdent l'évaporation (P > E). Ce contraste est représenté sur la figure 31.

La température de l'eau a une autre conséquence déterminante : elle conditionne étroitement la quantité évaporée. Celle-ci correspond au rapport de mélange qui saturerait un air à la même température que la surface liquide. Autrement dit, si l'air est plus chaud que l'eau, la saturation n'est pas atteinte (humidité relative inférieure à 100 %) ; si l'air est moins chaud, la saturation se réalise et l'excédent de vapeur est tout de suite condensé.

Condensation

La condensation coïncide bien avec le dépassement du seuil de saturation. Cependant, le changement d'état ne peut s'effectuer que s'il existe dans l'air des particules microscopiques qui favorisent le processus en « fixant » l'eau. En l'occurrence, ce sont des aérosols, innombrables dans l'atmosphère. Pour le passage à l'état de liquide (gouttelettes minuscules), on parle de *noyaux de condensation* ; pour le passage à l'état de solide (cristaux de glace), de *noyaux de congélation.*

Le cas où la saturation survient immédiatement après l'évaporation n'est pas le plus fréquent. L'air véhicule donc de gros volumes de vapeur au gré des flux. Et ce n'est qu'après un trajet plus ou moins long que la condensation intervient. Pour cela, il faut que l'air arrive à saturation soit par un nouvel apport de vapeur, soit en se refroidissant. Un tel refroidissement se produit dans deux circonstances :

– sans changement d'altitude. La chute nocturne de la température par effet radiatif peut y suffire. Si l'air est parfaitement calme, seule la couche au contact du sol est touchée, et cela donne de la *rosée.* Si l'air est légèrement *turbulent,* tout en restant stable, la condensation est diffusée sur une épaisseur de quelques mètres ou décamètres. Un résultat semblable est obtenu avec le passage d'un air en mouvement horizontal – on dit une *advection* – sur un substrat plus froid que lui : terre, mer, neige… Dans ces deux derniers cas, il y a formation de *brouillard,* mais pas de réelle précipitation ;

– avec changement d'altitude. Le refroidissement découle d'une ascendance, génératrice de nuages.

Nuages

Le développement en hauteur d'un nuage correspond à la progressive condensation de l'excédent de vapeur dégagé par le refroidissement pseudo-adiabatique d'un air saturé, à mesure qu'il s'élève. Deux mécanismes déjà décrits expliquent cette ascendance :

– la convergence, processus dynamique lié à la confluence de grands flux (ainsi à l'équateur météorologique que signalent de formidables tours nuageuses) ou de flux de moindre ampleur. Elle résulte aussi du « rattrapage » d'un air freiné par celui qui le suit (ainsi sur les littoraux), ou encore de l'entraînement d'un air dans une circulation cyclonique autour d'une dépression (figure 14) ;

– la convection, processus thermodynamique qu'explique le réchauffement différentiel du substrat. Par exemple, une colonne ascendante, s'établissant au-dessus d'un secteur surchauffé, joue dans le démarrage de certains *systèmes orageux* qui deviennent ensuite très épais.

On a l'habitude d'évoquer deux autres causes. En fait, elles ne font que combiner les deux mécanismes précédents à une ascendance forcée :

– dans l'ascendance *orographique,* c'est une barrière montagneuse qui contraint l'air à s'élever pour la franchir. La convergence y participe puisque l'air postérieur peut bousculer l'air antérieur freiné. Une activité convective peut également jouer si l'instabilité s'établit. Alors, le mouvement vers le haut se propage bien au-dessus des sommets, créant des masses de nuages qui enveloppent la montagne et atteignent une altitude très supérieure ;

– dans l'ascendance frontale, c'est une masse d'air plus froid qui oblige une masse plus chaude à s'élever au-dessus d'elle, le long du front, ce plan de contact à faible pente. Des systèmes nuageux complexes en résultent (voir figure 25).

La forme des nuages dépend de la vigueur du flux horizontal ; l'altitude de leur base dépend du niveau de condensation ; leur épaisseur dépend de l'ampleur de l'ascendance ainsi que de la stabilité/instabilité de l'air soulevé. Une classification ancienne est passée dans l'usage, en dépit d'une logique passablement flottante. Elle est présentée sur la **figure 23**.

Fig. 23 – **La classification des nuages**

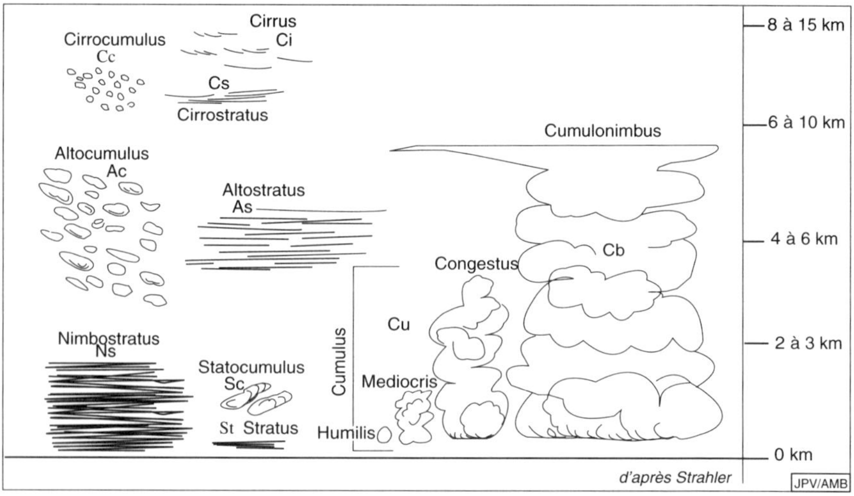

Il faut savoir que les nuages à base élevée ne sont guère pluviogènes, tout comme les nuages bas de très faible épaisseur. Ce sont les nuages bourgeonnants qui livrent l'essentiel des précipitations, d'autant plus intenses que l'épaisseur est plus grande, que le sommet est plus haut.

Les modalités de la chute

Toute condensation n'est pas suivie de pluie. Outre les brouillards, maints nuages n'en fournissent pas, leur eau étant réévaporée. Le nuage contient bien l'eau de la *précipitation* ; encore faut-il qu'elle tombe. Les phénomènes qui déclenchent la chute sont complexes ; les formes qu'elle prend plus simples à saisir.

Gouttes et flocons

Les gouttelettes (de quelques dizaines de microns) et les minuscules cristaux de glace, produits de la condensation, ont une masse bien trop faible pour vaincre la turbulence et tomber. La chute nécessite un changement considérable de diamètre et de poids, donc la transformation en *gouttes* (de quelques dixièmes de mm) et/ou en flocons. Cette mutation semble répondre à deux grands types de processus (**figure 24**) :

– un grossissement dû à la « cohabitation » des gouttelettes et cristaux. Dans le nuage, faute de noyaux de congélation assez nombreux, une bonne partie de l'eau peut rester liquide à des températures très inférieures à 0 °C ; c'est le phénomène de *surfusion*. Puisque la saturation est atteinte plus tôt pour la glace que pour l'eau liquide (voir figure 2), le météorologiste Bergeron a imaginé que l'eau s'évapore des gouttelettes pour venir se fixer sur les cristaux. Ces derniers grossis, deviennent des flocons que la pesanteur entraîne vers le bas et qui, éventuellement, fondent en route pour se muer en gouttes ;

– un grossissement dû aux collisions entre les myriades de particules liquides (et éventuellement solides). Les ascendances vigoureuses multiplient les chocs et donc les agglomérations qui peuvent ainsi atteindre la taille suffisante pour amorcer la chute. Cette *coalescence* continue pendant la descente, les gouttes (ou flocons) absorbant les particules plus menues qui se trouvent sur le trajet.

Fig. 24 – **Du nuage à la pluie : les mécanismes**

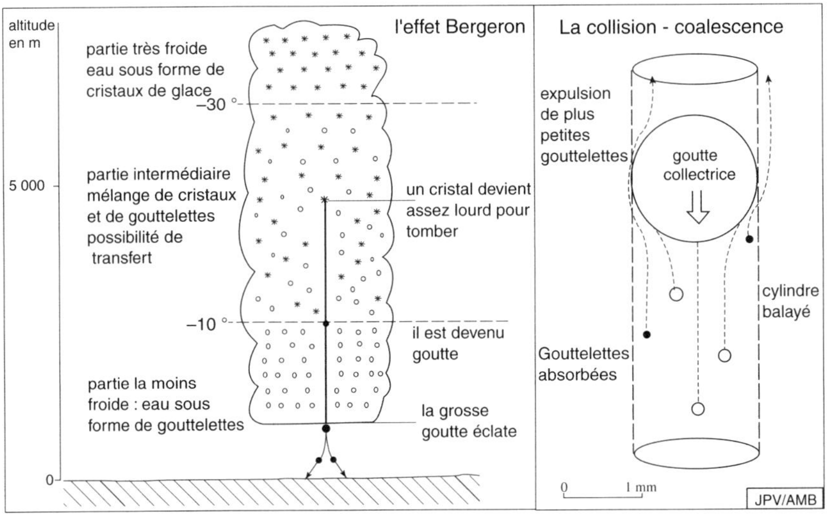

Pluie, neige et grêle

Quand les gouttes de *pluie* traversent une couche non nuageuse (donc non saturée), elles sont pour partie évaporées. Si la couche est très épaisse, l'évaporation peut être totale ; de la pluie, il ne reste alors que des *virgas,* sorte de traînées sous-nuageuses interrompues. Le diamètre des gouttes, très variable selon l'épaisseur de la couche nuageuse, est, de toute façon, limité à quelques millimètres par la résistance de l'air. Le substrat recueille du liquide, sauf dans le cas du *verglas*. Celui-ci résulte bien d'une pluie, mais faite de gouttes surfondues qui ont conservé leur état liquide lors de la traversée des basses couches très froides. Cet état disparaît au contact du substrat à température négative. La congélation, immédiate, enrobe toute surface de 3 à 4 cm de glace luisante… extrêmement glissante, et qui n'a rien à voir avec de la neige tassée.

La *neige* correspond à la situation où la température de l'air est négative à tous niveaux et à celle où la couche à température positive au-dessus du substrat est trop mince pour assurer la fonte. Plus l'air est froid, plus les flocons sont ténus : sous forme de paillettes par température très basse ; de poudreuse (densité 0,1) par température supérieure à –10 °C. La neige lourde (densité 0,5), avec des flocons chargés d'eau liquide, s'explique par le blocage de la fusion (commencée à quelques hectomètres d'altitude) par la présence d'une très basse couche proche de 0 °C.

La *grêle* est le fruit d'une évolution plus complexe, sans rapport avec la température des basses couches. Elle se forme dans les cumulo-nimbus, nuages au plus grand développement vertical et à la dynamique verticale la plus brutale (plusieurs m/s). Les cristaux y effectuent un séjour agité et durable, de véritables circuits, qui les font grossir jusqu'à un diamètre de l'ordre du centimètre. Ces grêlons sont précipités vers le sol quand ils sont pris dans de violents courants descendants.

Les grands types de systèmes pluviogènes

Les précipitations abondantes et étendues résultent de véritables systèmes, avec leurs entrées (eau et énergie), avec leur fonctionnement mobilisant un faisceau de causes, avec leurs sorties (redistribution de l'eau et de l'énergie). Les pluies produites par un seul facteur apparaissent marginales. Il n'y a que la *thermoconvection* qui semble pouvoir générer, à elle seule, des *averses* orageuses, et uniquement dans la zone chaude très pourvue en eau et chaleur. Les systèmes complexes rentrent dans deux grandes catégories selon que les affrontements entre masses d'air en constituent ou non le cœur ; et c'est une question de latitude.

Les perturbations

Caractérisées par l'importance des ascendances frontales, elles règnent des confins polaires aux abords des tropiques. Sur ces deux marges, elles présentent des traits spécifiques et des tailles plus réduites qui seront évoqués avec les zones correspondantes. Ici, c'est le modèle des latitudes moyennes qui sera analysé (**figure 25**).

Reconnu au début du XXe siècle, ce système a été progressivement mieux perçu, surtout grâce aux images satellitales. Longtemps, on a confondu pertur-

Fig. 25 – **La perturbation**

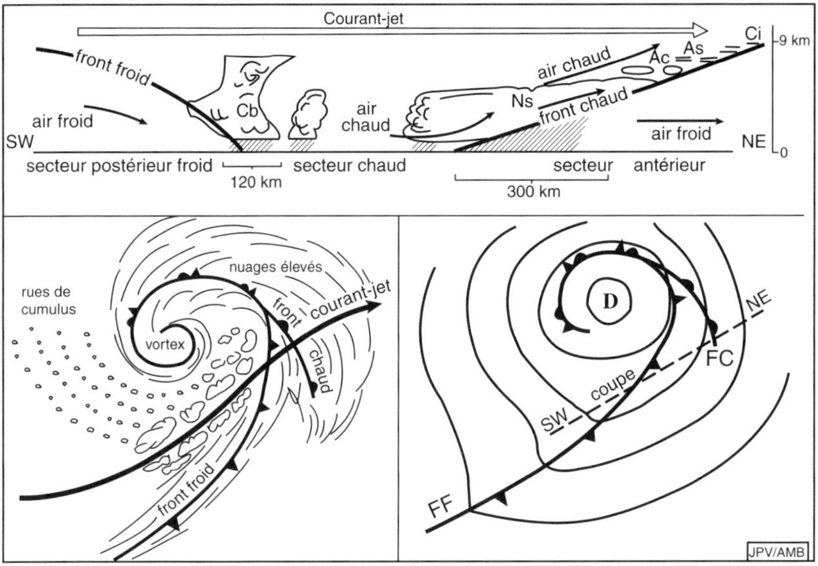

bation et dépression. En fait, la perturbation est un système nuageux et pluviogène, lié au contact de masses d'air, tandis que la dépression est un *individu isobarique,* une forme prise par le champ de pression. Les deux se déplacent de concert : le système circule entre hautes et basses pressions ; seule son extrémité va s'enrouler autour du centre dépressionnaire en un tourbillon ou *vortex.*

Une fois bien organisée, la perturbation consiste en la pénétration en coin d'une masse chaude entre deux masses plus fraîches ou froides. L'air moins dense tend à passer au-dessus de ceux qui l'encadrent. Les fronts séparant les masses présentent une pente faible, de l'ordre du degré, donc très exagérée sur les schémas. La formation des nuages s'y opère à mesure que l'air chaud y poursuit son ascendance forcée. Dans le détail, ces mouvements sont amplifiés par de multiples effets liés aux différences de vitesse, de courbure, d'instabilité.

Le *front chaud,* entre air antérieur et air chaud, étage la série des nuages de tous niveaux. Le *secteur chaud* est inégalement instable, couvert et pluvieux. Le *front froid,* que pousse l'air froid postérieur de la *traîne*, produit des ascendances plus vives, des nuages à fort développement vertical, des averses de plus forte *intensité.* Au-delà de la jonction des fronts chaud et froid, l'air est peu à peu rejeté en altitude si bien qu'aucun réchauffement n'est perçu en basses couches. Le long de ce *front occlus,* l'ascendance et les précipitations subsistent.

Lequel de l'air montant en latitude ou de l'air descendant en latitude a-t-il l'initiative de l'affrontement ? La question est secondaire. Ce qui compte c'est la réalisation de l'échange méridien. Les poussées opposées sont sensibles en altitude, ce que traduit l'ondulation du courant-jet qui participe au fonctionnement du système. Mais les transferts vont beaucoup plus loin dans les deux sens aux niveaux bas et moyens. Donc, en plus de son rôle de transporteur et de distributeur d'eau, la perturbation joue celui d'échangeur de chaleur. Les deux rôles sont d'ailleurs indissociables : la formation de la masse nuageuse s'accompagne d'une considérable libération de chaleur qui réchauffe les latitudes où elle s'opère, et cela, à partir de l'énergie prélevée sur les océans chauds.

Les principaux systèmes intertropicaux

Leur spécificité réside dans la quasi-absence de contrastes entre masses et donc d'ascendances frontales, ce qui laisse le champ libre aux autres causes.

L'alizé peut être très pluviogène. Alors qu'il ne l'est pas à l'est des océans où son passage sur des eaux fraîches renforce une structure à inversion thermique, il le devient au centre et à l'ouest après avoir circulé sur des eaux chaudes qui l'alimentent en vapeur. Des ascendances résultent d'effets orographiques sur les reliefs des îles et des continents dressés face au flux (côte au vent).

Fig. 26 – **La mousson d'Afrique de l'ouest en juillet (en plan et en coupe)**

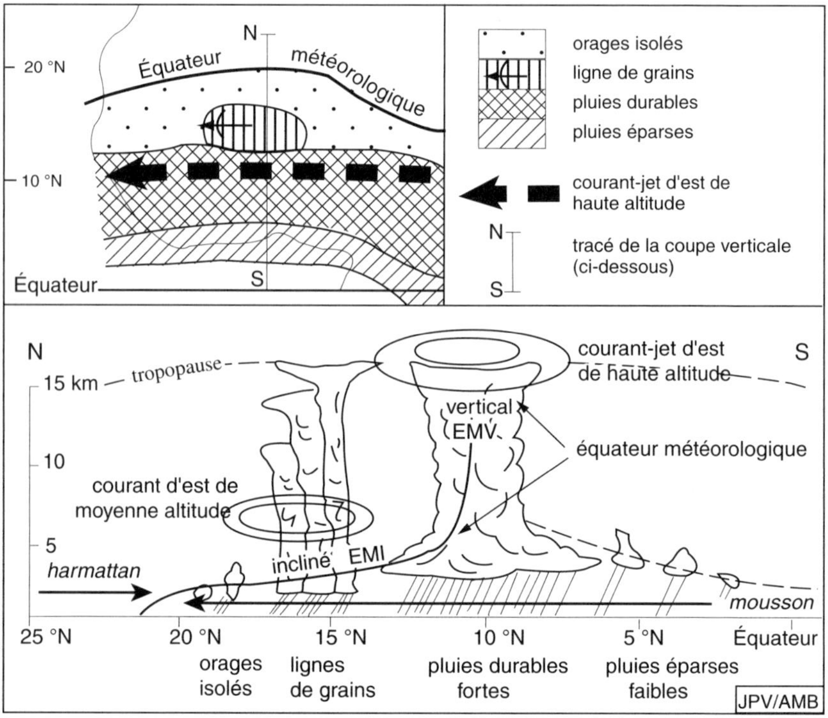

Quand l'alizé d'un hémisphère franchit l'équateur et devient mousson, il repousse l'alizé opposé ou se glisse sous lui. Sa masse est soumise à des ascendances multiples. **La figure 26** présente le cas de la mousson qui avance et recule sur l'Afrique de l'Ouest, selon la saison. L'efficacité pluviale y est contrastée :

– faible au sud du système car le flux y est peu instable. En effet, la relative proximité de l'AST de l'hémisphère sud lui confère une inversion défavorable aux ascendances ;

– forte là où l'inversion a disparu par réchauffement. Les nuages peuvent alors bourgeonner et susciter des chutes intenses ;

– discontinue dans le temps là où la « langue » de mousson perd de son épaisseur. Seuls des effets de convergence créent des *lignes de grains* qui sont entraînées par une circulation d'est de moyenne altitude ;

– dérisoire au nord où l'amincissement de la langue réduit les ascendances à peu de chose.

Fig. 27 – **L'ouragan (cas de l'hémisphère nord) en plan et en coupe**

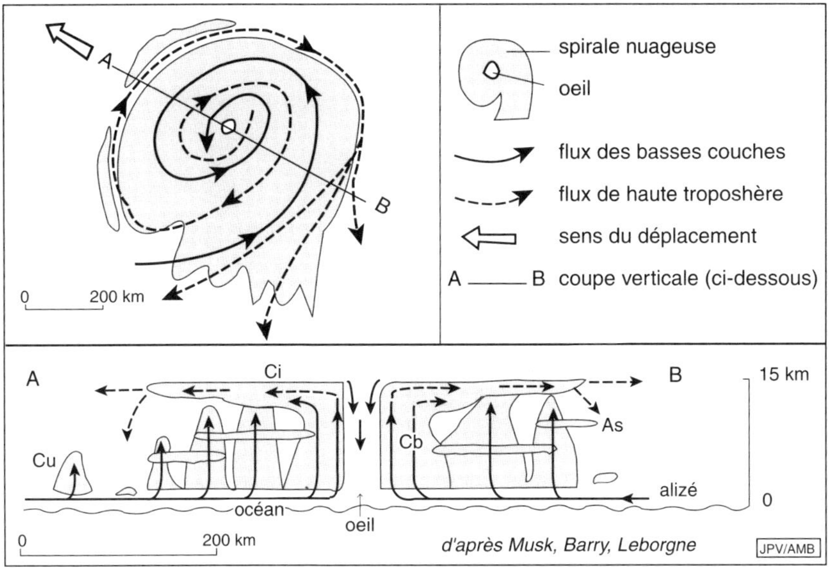

En outre, la zone chaude connaît, sauf auprès de l'équateur où la déviation de Coriolis est nulle, un système particulier aux noms variés : *cyclone tropical, hurricane, typhon…*, auquel nous réserverons ici l'appellation d'*ouragan* (**figure 27**).

– Ce système pluviogène, le plus performant de tous, produit les chutes les plus abondantes : jusqu'à plus de 1 000 mm en 24 heures. Son organisation nuageuse présente, au niveau de la tropopause où l'air ascendant est évacué, une forme en spirale d'un millier de kilomètres de diamètre. Au-dessous, plutôt annulaire et d'une moindre extension spatiale, il juxtapose des cumulo-nimbus de plus en plus monstrueux et serrés vers le centre où, toutefois, ils s'interrompent laissant un *œil* de quelques kilomètres. L'ensemble se déplace à quelques km/h ou dizaines de km/h.

– L'ouragan coïncide avec une dépression de 100 à 400 km de diamètre, d'un creusement inégalé ailleurs (jusqu'à moins de 900 hPa). Cela signifie un gradient barométrique horizontal record et donc des vents extrêmement violents. Leur vitesse sert à classer les ouragans en termes de danger : les plus forts se situent de 250 à 300 km/h et plus.

– Ces caractéristiques résultent d'une alimentation considérable en énergie fournie par la chaleur latente prélevée sur l'océan. Pour l'éclosion/explosion du système, il faut une température de surface supérieure à 26 °C surmontant une épaisse couche chaude. L'activité maximale a donc lieu sur les océans, ce qui n'empêche pas des ravages sur îles et littoraux. Le passage sur le continent l'affaiblit à cause de la rugosité qui déforme le champ de pression et surtout de l'arrêt de l'alimentation en vapeur.

– Avant d'être métamorphosés en ces redoutables machines, les ouragans ont été des *amas nuageux* d'origine diverse : cumulo-nimbus de l'équateur météorologique, lignes de grains de la mousson... Par la suite, ils peuvent s'évacuer vers les latitudes plus élevées en réduisant leur vigueur. Ils y exportent de la chaleur tropicale. En effet, l'ouragan apparaît clairement comme un réajustement énergétique, une soupape, permettant de consommer une partie de l'excédent intertropical, d'en redistribuer une autre partie.

De la surabondance à la pénurie

Les systèmes produisant les précipitations ont bien une répartition zonale. Mais à l'intérieur de ces zones, leur efficacité et leur occurrence sont très inégales parce qu'elles dépendent des possibilités d'ascendance dont les trois premiers facteurs semblent être la chaleur de l'air, la fourniture de vapeur et l'importance des reliefs. Ils cessent de fonctionner quand la subsidence s'installe ; ils sont rares là où elle constitue la dynamique dominante. Ainsi sont exclus les aires anticycloniques (AST, anticyclones froids d'origine radiative), les secteurs océaniques froids, les espaces situés à l'abri des barrières montagneuses. La distribution qui en résulte est très complexe. La **figure 28** en donne une image schématique, mais fort utile pour la description et la classification des climats.

SYNTHÈSE

Le volume global de vapeur passant dans l'air ainsi que son humidité sont contrôlés par la température de la surface évaporante. La condensation se réalise autour de noyaux microscopiques. Les nuages, faits de gouttelettes et de cristaux, se développent en altitude lors des ascendances dues à la convergence et la convection associées à des forçages frontaux et orographiques. Les chutes ne se produisent qu'après grossissement en gouttes, flocons ou grêlons, formes qui dépendent de la stratification de la masse d'air. Hors de la zone chaude, la perturbation, avec son ensemble de fronts, constitue le principal générateur de pluie ainsi qu'un facteur de redistribution de la chaleur. Dans la zone chaude, les plus fortes pluies résultent d'irrégularités dans l'alizé, de processus internes à la mousson et des ouragans. La distribution des précipitations à la surface de la Terre s'explique par le rapport de force entre efficacité de ces systèmes et efficacité des processus de subsidence.

Fig. 28 – **Distribution schématisée des précipitations à la surface des terres et des mers**

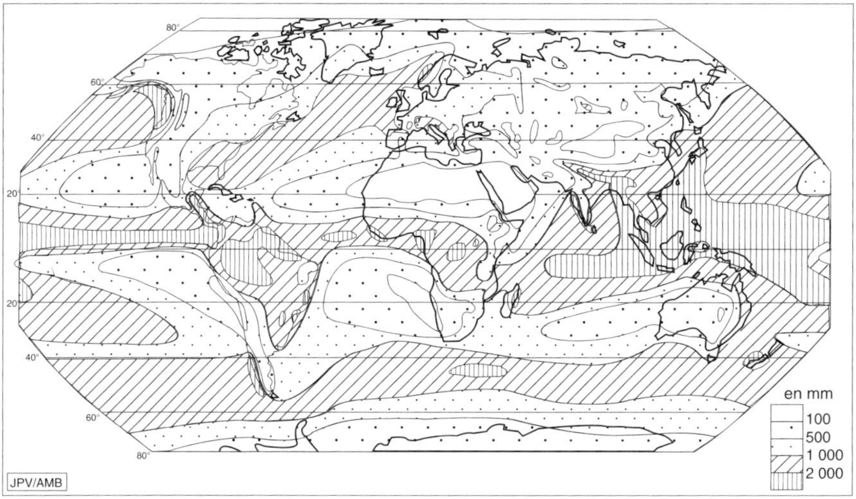

Pour en savoir plus

CSM-EERM, *Photographies météorologiques, satellitaires. Interprétation, utilisation*, Direction météorologique nationale, 2 tomes, 44 p. et 152 p., 1988.	Apprentissage à la lecture des images satellitales.
J. BESSE, A. FOURNIÉ, M. RENAUDIN, *Météorologie*. Toulouse, École nationale d'aviation civile, 1979, 4 tomes, 185, 151, 174 et 185 p.	Exposé complet sur les mécanismes des précipitations.
J.-P. VIGNEAU, *L'eau atmosphérique et continentale*, Paris, SEDES, 1996, 192 p.	Replace les précipitations dans l'ensemble du cycle de l'eau.

5
LA DIVERSITÉ DES CLIMATS

L'introduction générale a distingué le climat de la planète des climats couvrant des étendues variées, mais plus restreintes. Passant maintenant du général au particulier, on recherchera un découpage en unités homogènes qui tienne compte à la fois des jeux complexes du système climatique et des ambiances perçues, vécues, par les individus et les sociétés.

Du climat global à la mosaïque des climats (page 55)

Les innombrables mécanismes mis en œuvre dans le fonctionnement climatique renvoient à des échelles spatio-temporelles très différenciées. Parmi les effets qu'ils produisent, le temps constitue une donnée essentielle pour cerner les climats.

Comment classer les climats ? (page 56)

On peut se fonder soit sur les paramètres mesurés, soit les divers aspects du fonctionnement. Même si l'on combine les deux approches, le résultat est largement dépendant de choix subjectifs. Dans cet ouvrage, on a privilégié la zonalité.

Les climats océaniques (page 60)

À chacune des grandes zones correspond un climat océanique grossièrement individualisable. Malgré l'extrême imprécision des limites en ce milieu, on peut pousser la subdivision plus avant, surtout en zones chaudes.

Les climats transzonaux (page 62)

Certains espaces continentaux présentent des spécificités climatiques qui semblent gommer la zonalité. L'analyse de trois cas montre combien cette conception est discutable : les climats maritimes, montagnards et arides ne s'en affranchissent que partiellement.

Du climat global à la mosaïque des climats

Quelques planisphères : températures annuelles (figure 7), amplitudes thermiques (figure 20), précipitations moyennes (figure 28), ont fourni les bases encore très schématiques d'une différenciation spatiale. Mais individualiser vraiment les types climatiques nécessite une analyse plus approfondie du jeu des échelles.

L'emboîtement des échelles

Nombre de faits expliquant la différenciation des climats ont été présentés dans les chapitres précédents : apport inégal d'énergie selon la latitude, appartenance à une (ou deux) cellules de circulation, intégration dans tel ou tel type de champ de pression, situation dans l'espace balayé par un grand flux, nature et albédo du substrat, exposition à un type dominant de système pluviogène, effets du relief sur l'écoulement de l'air, établissement alterné ou non des dynamiques verticales ascendantes et subsidentes…

Il est clair que tous ne fonctionnent pas à la même échelle spatiale. Si l'on conservait la division traditionnelle, et sommaire, des échelles en trois niveaux : *local, régional, global,* il serait impossible de faire l'ajustement entre les mécanismes déterminants et leurs manifestations concrètes. Si, au contraire, on détaille les niveaux, il devient plus aisé de faire correspondre, pour chacun, les causes aux effets. Le **tableau 2** donne un aperçu de ce qui est spécifique aux diverses échelles, en hiérarchisant quelques grands mécanismes, et les manifestations qui en résultent.

Une partie seulement de ces ordres de grandeur apparaît sur la *carte synoptique* (**document page 153**) qui représente la *situation météorologique.* On y lit directement les centres d'action, les flux et les fronts, indirectement les masses d'air ; on y devine les grandes dynamiques ; tout cela sur quelques millions de km^2. L'image traduit une grande diversité d'états de l'atmosphère. Elle juxtapose des secteurs où la *structure aérologique* est homogène, c'est-à-dire où les caractéristiques thermiques et hydriques ainsi que les dynamiques horizontale et verticale sont à peu près constantes. L'ordre de grandeur de tels secteurs se situe autour de 100 000 km^2. La carte est difficilement utilisable aux échelles plus fines.

Le temps et le climat

Le *temps* peut être défini comme l'état momentané du ciel, avec sa couleur et les phénomènes (ou *météores*) que chacun y perçoit, avec les grands traits de l'*ambiance atmosphérique* ressentie sur quelques heures. Ce temps est le produit de la structure aérologique, mais aussi du substrat qui altère plus ou moins profondément les composantes de cette structure. Cependant, il caractérise une étendue moins vaste que la structure, pour peu que les substrats soient contrastés (terre-mer, plaine-montagne…).

Les liens du temps avec le climat s'avèrent relativement simples :

– le climat d'une portion de terre peut être décrit non seulement par des valeurs moyennes, mais également par la nature et la fréquence des *types de temps*. Un type de temps est fait de l'ensemble des temps quotidiens aux caractères voisins, tels que : « dégagé, *calme* et froid » ou bien « couvert, pluvieux, venteux et doux »... ;

– il peut être expliqué par la nature et la fréquence des structures aérologiques et par les traits géographiques de la portion considérée.

Le temps n'est vraiment homogène qu'à l'échelle de la région (tableau 2) ; cela n'empêche nullement d'utiliser la notion pour caractériser le climat d'ensembles plus vastes. Une même province est affectée par des temps grosso modo semblables, à ceci près qu'ils s'y font sentir avec un décalage de quelques heures. À l'échelle du domaine, voire de l'aire, on peut cataloguer des groupes de types de temps présentant un air de famille en dépit de leurs nuances. Sur de si vastes espaces, la principale différence tient à la fréquence de leurs occurrences sur l'année ou selon les saisons.

Comment classer les climats ?

La hiérarchie des échelles doit être pensée en termes d'inclusion. Ainsi, le climat d'un domaine représente la somme des climats de provinces qu'il regroupe ; tout comme un climat provincial est une somme de climats régionaux, etc. Il est possible de procéder à une classification à n'importe quelle échelle ; mais à chaque niveau de l'emboîtement correspond une description-explication spécifique. À mesure que le niveau hiérarchique s'élève, les critères de différenciation se modifient, par simplification, par généralisation.

Deux approches complémentaires

La classification peut reposer tant sur les effets (les météores) que sur les causes (le fonctionnement).

La méthode descriptive, ou *physionomique*, met en œuvre divers paramètres :

– pluviométriques. Si les totaux annuels s'avèrent trop variés spatialement, les régimes constituent de bons marqueurs saisonniers **(figures 29 et 30)** ;

– thermiques. Outre les moyennes, les régimes sont exploitables par exemple au moyen des mois extrêmes (figures 12 et 13). Parmi les nombreux autres critères possibles, trois sont retenus ici. Deux ont été proposés au début du XXe siècle : les *isothermes* 10 °C pour le mois le plus chaud (signifiant la disparition de l'arbre) pour borner la zone froide et 18 °C pour le mois le moins chaud (signifiant l'absence de *gel*) pour borner la zone chaude. On y a ajouté l'isotherme 15 °C de moyenne annuelle (température moyenne de la planète au niveau de la mer) qui sépare zones déficitaires et excédentaires.

Elle peut également utiliser des indices mettant les deux variables en rapport.

La méthode explicative, ou *génétique*, prend en compte les aspects du fonctionnement. Le champ de pression et ses variations saisonnières en est un bon témoin (figures 12 et 13). Mais d'autres approches sont pratiquées : la fréquence des masses d'air, la durée des types de flux, la prédominance de certains systèmes pluviogènes... On peut combiner le tout par la fréquence des types de temps se succédant au fil des saisons.

Tab. 2 – **Les échelles spatiales du climat**

Ordre de grandeur	Dénomination	Individualisation par	
		fonctionnement	***manifestations***
10^8 km^2	zone	type de bilan radiatif	*niveau thermique global*
10^7 km^2	aire	type d'échanges radiatifs	*amplitudes thermiques*
10^6 km^2	domaine	style général de circulation	*organisation saisonnière*
10^5 km^2	province	situation météorologique	*style d'enchaînement des temps*
10^4 km^2	région	structure aérologique	*temps*
10^3 km^2	pays	dynamique verticale dictée par les milieux	*faciès de temps*
10^2 km^2	lieu	menus effets du substrat	*ambiance atmosphérique*
0	station		*mesures météorologiques*
	 le *topoclimat* le *microclimat*	Certaines modalités climatiques sont hors des ordres de grandeur, ainsi : d'extension variable, jamais considérable, qui correspond à une homogénéité de pente et d'orientation (par exemple un versant régulier, petit ou grand) qui résulte d'un confinement plus ou mois marqué, d'origine naturelle (forêt) ou anthropique (construction), limitant l'impact des facteurs extérieurs.	

L'idéal consiste évidemment à conjuguer les deux méthodes afin d'ajuster au mieux les causes aux effets : la seconde permet de saisir l'originalité fonctionnelle des types ; la première de les caractériser clairement et d'en préciser les limites.

Le problème des limites

À toute échelle, les contrastes perçus et mesurés permettent de distinguer un type de ses voisins. Au point d'ailleurs qu'il est tentant d'attribuer à tout secteur une position de « carrefour climatique » ! Mais l'évidence de la diver-

Fig. 29 – **Images de l'hiver boréal/été austral**

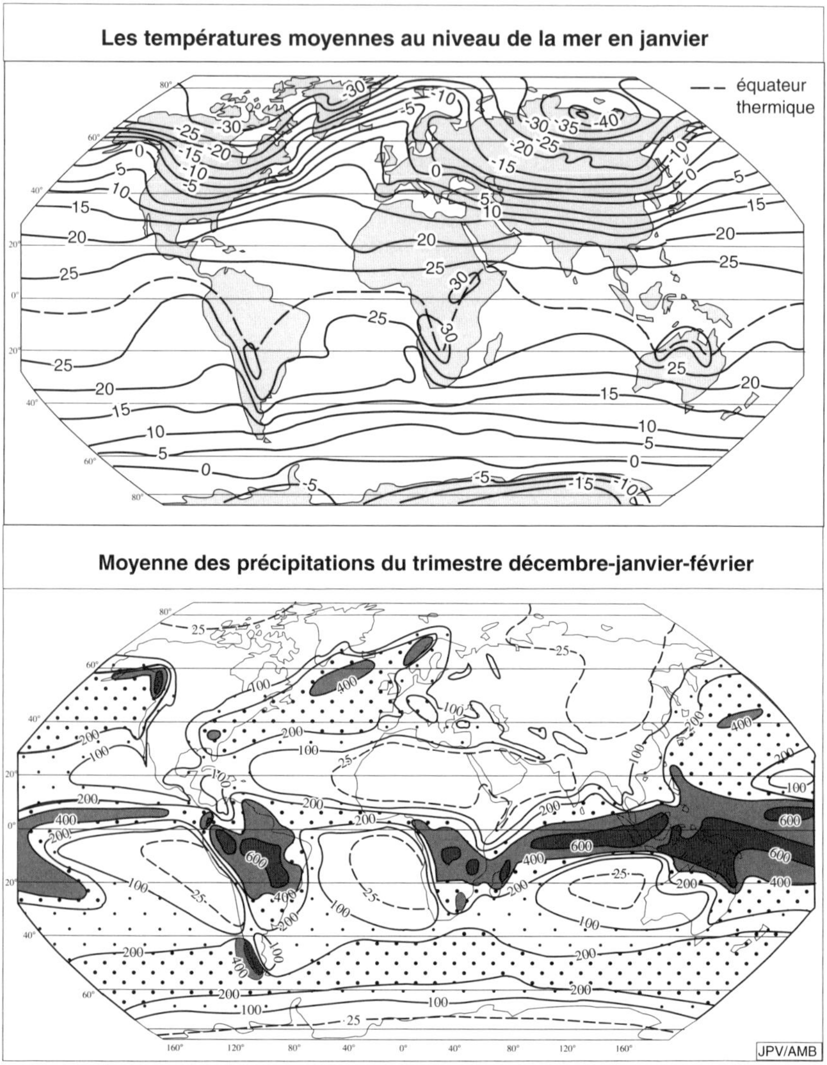

sité n'empêche pas la délimitation de s'avérer souvent délicate. Trois grands styles de limites se dégagent :

– des limites-coupure, bien nettes. Elles sont, pour l'essentiel, dues à la présence de barrières montagneuses ;

– des limites-dégradation que leur progressivité rend plus floues. Elles correspondent à des discontinuités du substrat, ainsi le littoral à partir duquel s'affaiblit l'océanicité ;

Fig. 30 – **Images de l'été boréal/hiver austral**

Les températures moyennes au niveau de la mer en juillet

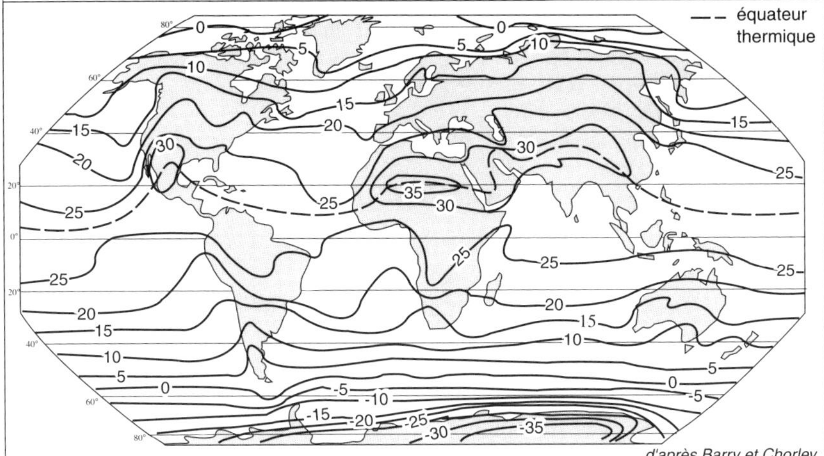

d'après Barry et Chorley

Moyenne des précipitations du trimestre juin-juillet-août

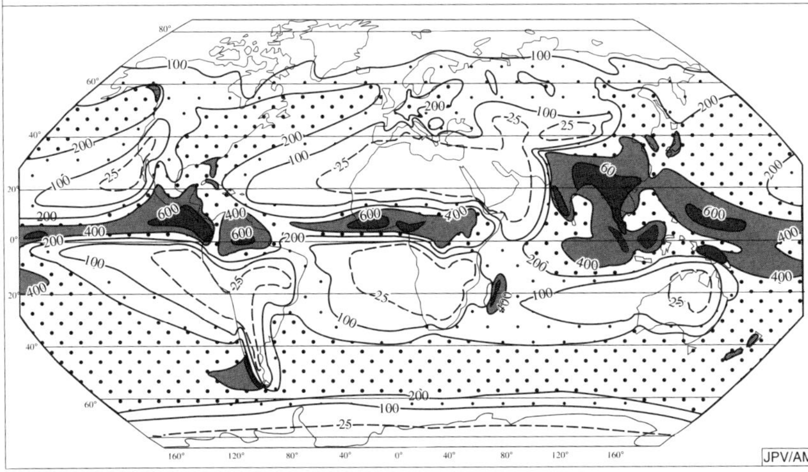

JPV/AMB

– des limites-transition, difficiles à cerner. Elles sont l'apanage des substrats de grande homogénéité sur de très vastes étendues : océans, plaines continentales…

Dans ces conditions, tout découpage comporte une part d'arbitraire ; il traduit la subjectivité du climatologue qui le propose.

Un découpage zonal

Même pour la répartition des grands ensembles climatiques, au plus haut niveau scalaire, il n'y a accord entre climatologues, ni sur leur nombre ni sur le tracé de leurs limites. Le choix fait ici consiste à distinguer des *zones* au sens le plus strict, c'est-à-dire de larges bandes latitudinales. Cela revient à privilégier le facteur premier et majeur du fonctionnement : le bilan énergétique. Ce même souci conduit à séparer nettement latitudes excédentaires et latitudes déficitaires. D'où quatre zones dont les limites et le contenu seront précisés aux chapitres 6 et 7 :

– la *zone polaire* – ZP – (en fait une boréale et une australe), la plus déficitaire, grande exportatrice de froid ;

– la *zone tempérée* – ZT – (une au nord, une au sud), globalement déficitaire mais pas en permanence ;

– la *zone supratropicale* – ZST – (une dans chaque hémisphère), globalement excédentaire mais pas en permanence ;

– la *zone intertropicale* – ZIT – (à cheval sur les deux hémisphères), la plus excédentaire, grande exportatrice de chaleur.

Avant de passer à leur étude, deux questions méritent une attention particulière :

– le découpage vaut pour le globe entier. Mais les impacts contrastés des deux grands types de substrat n'incitent-ils pas à faire une place à part aux climats des océans ?

– certains espaces continentaux présentent de fortes affinités en dépit de latitudes différentes. Faut-il pour autant les regrouper, en les sortant de leurs zones respectives ?

Les climats océaniques

Les seuls climats qui méritent l'appellation *océanique* sont ceux qui couvrent les océans et, à la rigueur, les petites îles parce que l'océanicité y règne sans partage. La terminologie traditionnelle étendant l'appellation à des espaces continentaux, plus ou moins proches des rivages, est aberrante puisque l'influence du substrat terrestre s'y exerce concurremment ; on leur réservera, ici, le qualificatif d'*océanisé*.

Une forte originalité... qui n'exclut pas la diversité

En dépit de la cession d'énergie à l'atmosphère, la température de surface de l'océan ne varie guère. Cela tient aux propriétés caloriques de l'eau (voir chapitre 3), mais aussi au renouvellement constant, horizontal par les courants, vertical par les upwellings. Aussi, les amplitudes thermiques de l'air sus-jacent restent-elles limitées.

L'homogénéité thermique, qui caractérise de vastes étendues, facilite le jeu thermodynamique : subsidence sur les eaux froides, ascendance sur les chaudes. Dans ce dernier cas, l'efficience des systèmes pluviogènes est remarquable. D'autant que l'absence de rugosité du substrat rend possibles le déplacement de l'air sans altération du champ de pression et, donc, la libre propagation des tourbillons divers : trombes, dépressions, tempêtes, ouragans...

Fig. 31 – **Les climats océaniques**

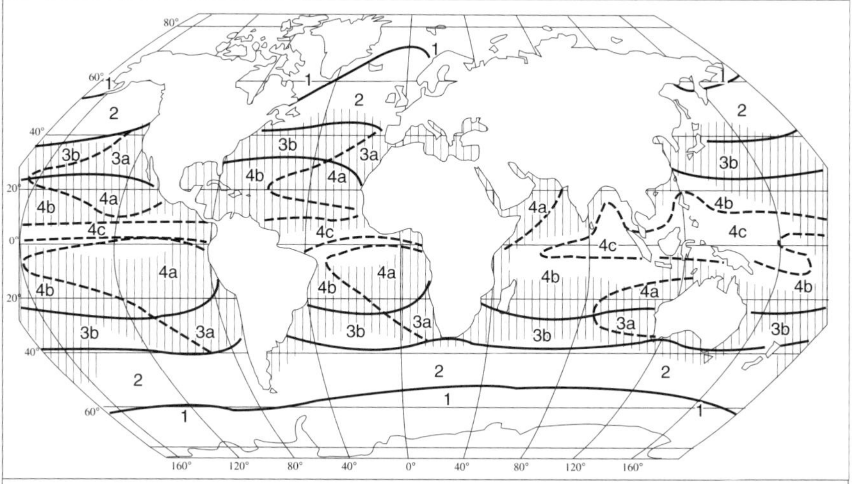

1 = froid ; 2 = frais ; 3a = doux peu arrosé ; 3b = doux arrosé ;
4a = chaud peu arrosé ; 4b = chaud - tropical - arrosé ; 4c = chaud - équatorial - arrosé
espaces océaniques fournisseurs de vapeur (E > P) JPV/AMB

Même si les délimitations restent extrêmement imprécises, des différences existent (**figure 31**). Elles tirent leur origine, soit de processus océanographiques (fronts limitant des masses individualisées par leur température, leur salinité, leur densité), soit de mécanismes atmosphériques (dynamiques verticales, les unes stabilisantes, les autres déstabilisantes).

Les climats océaniques froids et frais

On les trouve aux latitudes déficitaires en énergie, depuis les pôles jusqu'aux environs du 40e parallèle.

Aux hautes latitudes, on ne parlera de climat océanique que si l'eau dégèle une partie de l'année. Il s'agit des domaines à banquise saisonnière qui, dans l'océan Austral, s'étalent du cercle polaire au 55°. Dans le nord du Pacifique et de l'Atlantique, ils sont plus restreints et leur limite méridionale ne suit pas un tracé zonal à cause de la dissymétrie des courants, froids à l'ouest, chauds à l'est. Ainsi, la *dérive nord-atlantique* (DNA) la repousse loin au nord du côté européen. De tous les climats océaniques, ce type froid présente les amplitudes annuelles les plus marquées : 10 °C à 15 °C et même 20 °C près de l'Antarctique. Le temps y est exécrable : environ 300 jours de précipitations par an, souvent accompagnées de tempêtes, les accalmies favorisant la formation de brouillards.

Aux latitudes moyennes, l'extension des domaines océaniques frais correspond à une bande parfaitement zonale dans l'océan Austral, à une forme déjà moins régulière dans le Pacifique nord et à une sorte de « triangle » dans l'Atlantique nord (à cause de la DNA). Ce climat se caractérise par l'importance de flux du secteur ouest : les *grands frais d'ouest* ; par des amplitudes thermiques réduites à quelque 10 °C dans l'hémisphère nord, quelque 5 °C dans l'hémisphère sud ; par la très forte fréquence des perturbations et tempêtes responsables d'un total pluviométrique supérieur à 1 000 mm.

Les climats océaniques doux et chauds

Ils s'étendent dans les zones excédentaires, entre 40° de latitude N et 40° de latitude S.

Aux latitudes supratropicales (en gros de 40° à 23°), un changement capital s'opère : on entre dans l'espace océanique fournisseur d'eau pour le reste de la planète, l'excédent provenant de la supériorité de l'évaporation sur les précipitations (E > P). La transition avec le type frais se traduit par une alternance saisonnière due au balancement des AST : les perturbations passent souvent en hiver, rarement en été. Plus bas en latitude, les amplitudes sont partout amorties (5 °C à 10 °C), mais une opposition s'affirme. Sur les marges orientales bordées de courants froids et d'upwellings, la stabilité règne ; les pluies sont rares, voire rarissimes ; les moyennes annuelles peuvent être inférieures à 20 °C, ce qui amène ce domaine à « mordre » quelque peu sur la zone chaude. Sur le reste des océans et surtout à l'ouest, parcourus par des courants chauds, les moyennes annuelles peuvent atteindre 25 °C ; l'instabilité prédomine et les pluies sont généralement abondantes.

Aux latitudes intertropicales, les climats océaniques chauds (moyenne annuelle supérieure à 25 °C) se distribuent en trois types :

– les domaines tropicaux orientaux, plus dilatés que leurs homologues supratropicaux doux, du fait de l'extension accrue des AST ;

– les domaines tropicaux occidentaux, plus chauds, très arrosés par les systèmes pluviogènes de l'alizé, de la mousson et, presque partout, par les ouragans ;

– les domaines équatoriaux où la moyenne peut excéder 27,5 °C, où l'amplitude annuelle est dérisoire. Ils se distinguent des deux types précédents en ce qu'ils ne sont pas exportateurs d'eau parce que les précipitations l'emportent sur l'évaporation (P > E). Ils correspondent à l'espace de battement de l'EM ; battement réduit sur l'Atlantique et le centre-est du Pacifique, battement plus ample sur l'océan Indien et le Pacifique occidental.

Les climats transzonaux

Les traits communs aux climats des rivages, à ceux des montagnes, à ceux des déserts, ont pu être perçus comme des entorses sérieuses à la logique zonale, au point de faire croire à une véritable *azonalité*. En vérité, il n'existe pas de type climatique dont le fonctionnement échappe à la « tyrannie » de la latitude. Mieux vaut alors adopter la notion de *transzonalité* qui rend compte de cette ambivalence : il y a bien spécificité, mais elle n'abolit pas les particularités propres à chaque zone.

Les climats maritimes

En climatologie, *maritime* n'est pas synonyme d'océanique : il qualifie la partie du continent qui est riveraine de l'océan, celle où l'océanicité impose clairement sa marque. Les vents venus du large y conservent une bonne part de leur force, tout en commençant à être progressivement freinés par la rugosité du sol. L'advection des masses d'air océaniques, là où elle est fréquente, limite les amplitudes nycthémérales et annuelles. Le régime pluviométrique se différencie encore peu de celui de l'océan. Ainsi, près des rivages de l'ouest de la France, sujets aux tempêtes, les écarts thermiques sont atténués entre le maximum et le minimum, le mois le plus chaud pouvant se décaler sur août, le plus froid sur février. Au contraire, la distribution des pluies est beaucoup plus tranchée qu'à l'intérieur des terres, avec un grand écart entre la saison très arrosée (l'hiver) et la saison moins pluvieuse (l'été).

La discontinuité introduite par le rivage détermine des mécanismes spécifiques :

– l'un, purement dynamique, a été exposé au chapitre 3 (figure 16). Il crée une bande de pluviosité maximale, la *dorsale pluviométrique,* à une distance de quelques kilomètres à quelques dizaines de kilomètres de la côte selon que celle-ci est abrupte ou plate ;

– l'autre, thermodynamique, réside dans l'alternance des brises (**figure 32a**). Par rapport aux températures de l'eau et de l'air à son contact, qui varient peu, celles de la terre et de l'air sus-jacent peuvent être plus froides la nuit, plus chaudes le jour. À ce jeu thermique répond un jeu de la pression, plus élevée sur le substrat le plus frais. Il en résulte une circulation qui se manifeste, en basses couches, par la *brise de mer* le jour, la *brise de terre* la nuit. Un tel système ne peut plus fonctionner lorsque les flux généraux sont puissants et durables. Son établissement dépend également des conditions thermiques générales : fréquent toute l'année aux basses latitudes, il est surtout estival aux moyennes.

Le climat maritime peut occuper une bande de quelques dizaines de kilomètres, les brises de mer sont parfois ressenties à 50 km ou plus. Mais il subit une transformation progressive, fonction de la distance à l'océan. Dans cette transition, des nuances sont repérables : *climat côtier* sur plages et falaises ; *climat littoral* étendu sur quelques km ; enfin *climat d'arrière-pays,* le dernier à être maritime avant le passage au *climat intérieur.*

Les climats montagnards

Ils caractérisent grands massifs et chaînes. Leur existence tient à l'importance des gradients verticaux, surtout à la diminution très rapide de la température. La transformation est soulignée par la succession des étages végétaux qui rappelle celle que l'on constate en latitude, mais en beaucoup plus spectaculaire puisque réalisée sur de très courtes distances. On n'oubliera pas que, s'il existe des étages grossièrement équivalents à des latitudes différentes, ils sont nettement décalés en altitude. D'où l'impossibilité d'envisager un climat montagnard unique ! Il n'empêche que certains traits se révèlent exclusifs des montagnes.

En matière de circulation. Les vents sont souvent plus rapides en altitude du fait des moindres densité et frottement. Ceux qui dévalent les versants, les *vents catabatiques,* peuvent subir une très forte accélération. Surtout, les inégalités du relief déterminent des formes spécifiques de circulation, dont un (autre) système de brises s'établissant par situation non perturbée (**figure 32b**). Le réchauffement matinal, qui touche d'abord les parties hautes, induit un mouvement

Fig. 32 – **Les systèmes de brises. (a) Les brises sur le littoral. (b) Les brises en montagne**

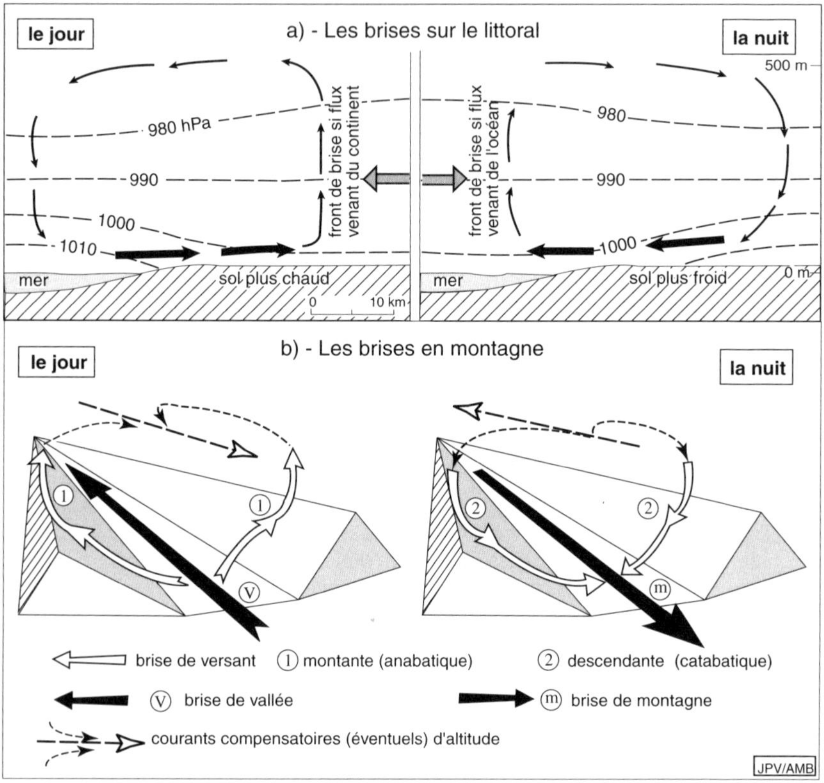

ascendant : la *brise montante de versant,* qui aspire l'air inférieur et s'amplifie en *brise de vallée.* Le refroidissement nocturne, d'abord sensible sur les cimes, densifie leur air qui s'écoule vers le bas : *brise descendante de versant* amplifiée en *brise de montagne.*

En matière de température. Les gradients moyens recouvrent une diversité due :

– aux contrastes d'exposition, sensibles surtout aux latitudes moyennes et supratropicales, qui opposent adret et ubac (figure 19) ;

– au phénomène d'inversion résultant de l'accumulation de l'air froid dans les fonds de vallées, parfois coiffé d'une *mer de nuages* ;

– à l'effet de barrière qui peut déclencher un effet de *fœhn* creusant l'écart de température entre le versant au vent arrosé et le versant sous le vent (**figure 33**).

En matière de condensations. Certains nuages sont exclusifs de la montagne, tels les *murs de fœhn.* Le *gradient pluviométrique,* c'est-à-dire la variation des précipitations avec l'altitude, a posé problème. On a longtemps

Fig. 33 – **Le fœhn et la dissymétrie des ambiances**

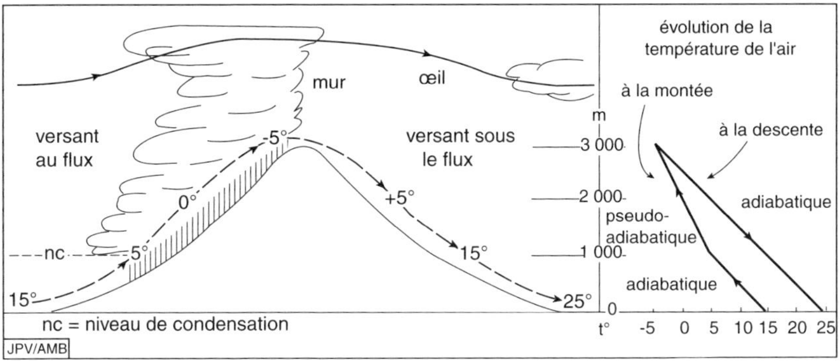

soutenu que, sous toutes les latitudes, le total cesse de croître à partir d'un niveau appelé *maximum* ou *optimum pluviométrique*. C'était mal connaître la complexité des mécanismes :

– le forçage orographique suscite souvent l'instabilité et déclenche une ascendance convective. De ce fait, les nuages montent bien plus haut que les sommets ;

– ce qui compte, c'est non point la teneur brute en vapeur, mais la fourniture d'un excédent condensé, sans compter que l'eau précipitée à un niveau peut avoir été condensée plus bas.

Fig. 34 – **Absence ou présence d'un maximum pluviométrique en altitude**

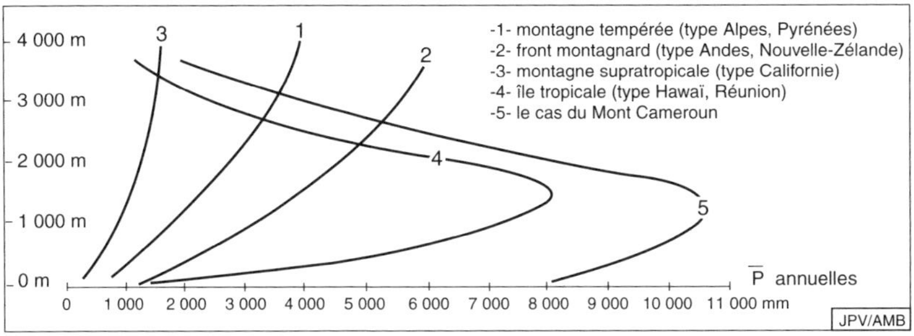

La **figure 34** montre que le maximum existe uniquement aux latitudes tropicales, là où l'inversion de l'alizé peut stopper les bourgeonnements nuageux, au moins une partie de l'année.

Les climats arides

La quasi-absence de précipitations (et de végétation) constitue un trait si prégnant que beaucoup de classifications distinguent une « zone » aride. C'est en réalité une pseudo-zone étendue des basses aux moyennes latitudes… qui correspond tout à fait à un ensemble transzonal. Mais une

Fig. 35 – **L'aridité et ses causes**

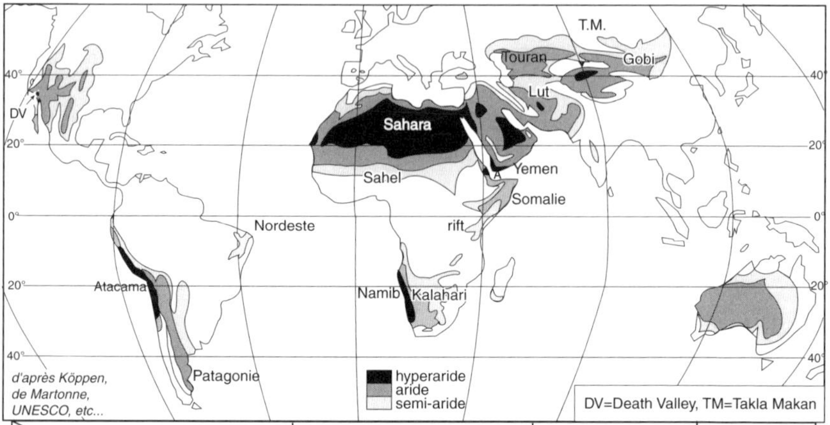

	remontées d'eaux froides	anticyclone subtropical	abri orographique	continentalité (H.P. d'hiver)
latitudes moyennes			*Asie centrale (Touran, **Takla Makan**, Gobi)*	
			Patagonie	
latitudes supra-tropicales			*plateaux intérieurs de l'W des USA déserts d'Iran (**Lut**) et d'Afghanistan*	
		désert Mohave (+ Death Valley) Plateaux du N Mexique (Chihuahua) déserts de Syrie et d'Irak		
latitudes supra-tropicales / latitudes tropicales	*Sud marocain Basse Californie **Namib** **Atacama***	*désert de Thar Australie **Sahara** **Arabie***	*plateaux andins piémont E des Andes Kalahari*	
latitudes tropicales / latitudes (sub) équatoriales	*littoral S de l'Angola littoral N du Pérou Somalie**			

* avec intervention de mécanismes de divergence

NB: seuls sont mentionnés les espaces arides et hyperarides ; on pourrait compléter le tableau en y portant les espaces semi-arides figurant sur la figure

JPV/AMB

question surgit : ce facteur d'unité l'emporte-t-il ou non sur les facteurs de diversité ? En effet, les ambiances sont fort dissemblables et les causes de l'aridité très différentes selon la situation sur les continents et surtout la latitude. Ici, le choix a été fait de « briser » cet ensemble pour en traiter les domaines dans leur zone : intertropicale, supratropicale, tempérée (chapitres 6 et 7). Toutefois, la définition de l'*aridité* sera abordée maintenant, avec le catalogue des mécanismes qui la génèrent.

L'aridité caractérise un espace où le déficit en eau est permanent. Elle résulte du maintien de la *sécheresse* durant l'année entière. Encore faut-il préciser qu'il s'agit de la sécheresse hydrologique, la forme la plus grave prise par le phénomène (**document page 163**). L'extension des domaines arides (**figure 35**) correspond donc au dépassement d'une certaine valeur du rapport entre les précipitations et le *pouvoir évaporant* de l'atmosphère. Puisque ce dernier est largement fonction de la température, il ne faut surtout pas utiliser comme limite une même *isohyète* annuelle, c'est-à-dire une même ligne d'égal total pluviométrique, pour cerner des déserts chauds et des déserts froids : le seuil est plus élevé dans les premiers.

Alors que le niveau des températures est, en gros, fonction de la latitude, l'extrême faiblesse des précipitations s'explique par la rareté des ascendances ou, si l'on veut, l'écrasante prédominance de la subsidence. Or, au-dessus des divers domaines arides, cette dynamique verticale inhibitrice des pluies procède de mécanismes distincts ou d'une combinaison originale de mécanismes. Ces derniers sont détaillés sur la figure 35 qui dégage la logique de distribution spatiale. L'extension de l'aridité, commandée par les « relais » entre mécanismes, dessine une sorte de diagonale, allant des littoraux tropicaux au cœur des continents tempérés, bien visible en Amérique du Sud et, surtout, de l'Afrique de l'Ouest à l'Asie centre-orientale.

SYNTHÈSE

Afin de lier clairement la diversité des fonctionnements à la variété des manifestations ressenties (le temps), il convient de substituer, à la hiérarchie habituelle et simpliste en trois niveaux, un jeu plus large d'échelles emboîtées. Que leur fondement soit physionomique (descriptif) ou génétique (explicatif), les classifications dépendent avant tout du choix arbitraire des limites et de la priorité accordée, ou non, à la zonalité. Les quatre grandes zones retenues valent également pour les climats océaniques, en dépit de leurs propriétés originales qui atténuent fortement les contrastes. Les climats souvent dits azonaux peuvent tout au plus être qualifiés de transzonaux : maritimes inégalement individualisés selon les littoraux, montagnards faussement équivalents d'une latitude à une autre, arides d'origine et d'ambiances dissemblables du tropical au tempéré.

Pour en savoir plus

W. Lauer, *Klimatologie*, Braunscheig, Westermann, 1995, 269 p.	Présente un large échantillon de classifications physionomiques et génétiques, dont les siennes en quatre zones.
Ch.-P. Péguy, *Précis de climatologie*, Paris, Masson, 2e éd., 1970, 468 p.	Propose une classification physionomique originale.

Fig. 36 – **Zon**

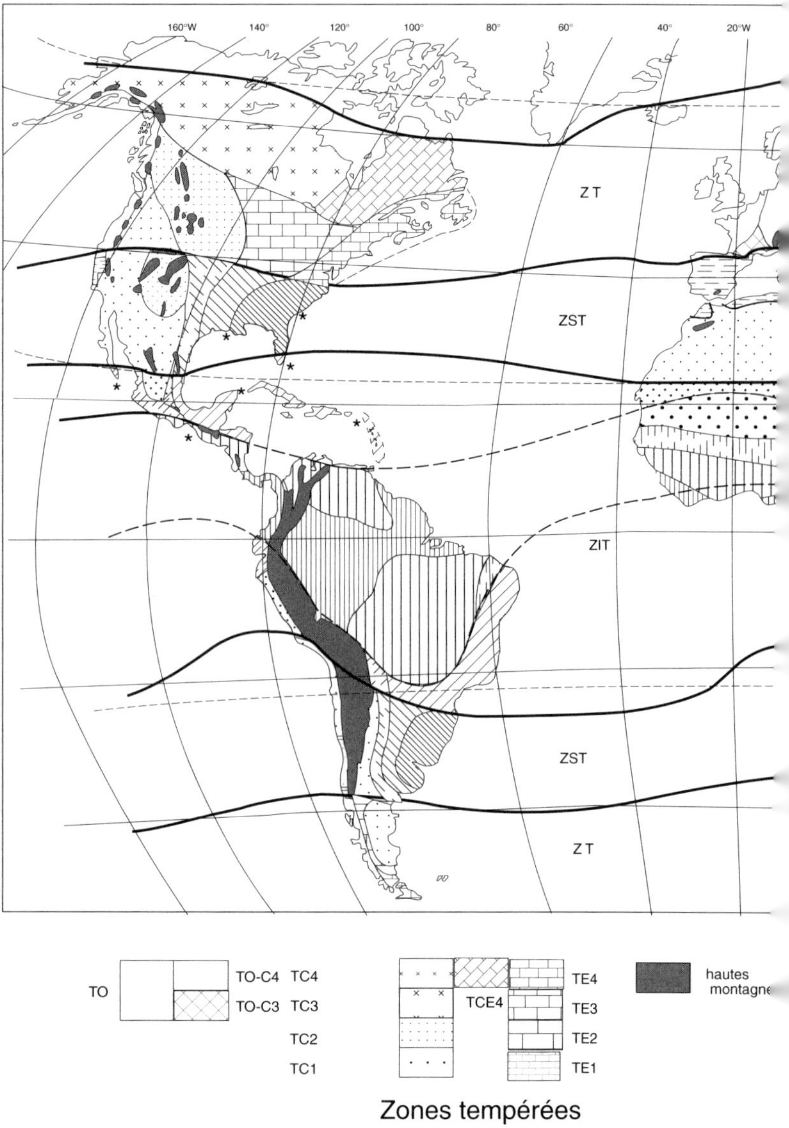

160°W
140°
120°
100°
80°
60°
40°
20°W
Z T
ZST
ZIT
ZST
Z T
TO
TO-C4
TO-C3
TC4
TC3
TC2
TC1
TCE4
TE4
TE3
TE2
TE1
hautes
montagne
Zones tempérées

ines climatiques

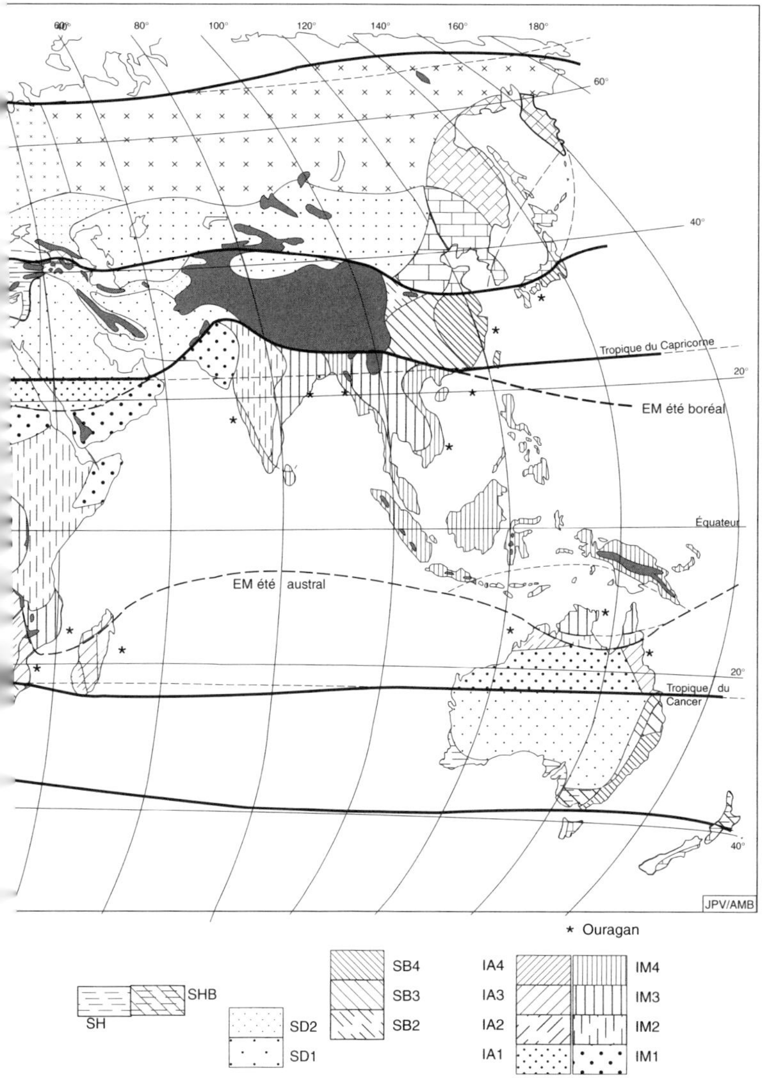

6

LES ZONES DÉFICITAIRES

Cet ensemble, correspondant à la partie du globe qui exporte son froid et importe de la chaleur, est fait de deux vastes calottes axées sur les deux pôles et descendant jusqu'à la latitude où le bilan radiatif s'équilibre. Deux zones l'occupent : polaire et tempérée que sépare une limite imprécise, tant dans l'hémisphère sud, où elle passe dans l'immense océan Austral, que dans l'hémisphère nord, où elle se situe majoritairement sur les terres d'Amérique et d'Asie.

Les climats polaires (page 71)

Antarctique et Arctique, sources froides du système climatique, ont en commun des ambiances répulsives qui les placent hors écoumène. Ils sont pourtant loin d'être homologues parce que leurs organisations spatiales opposées déterminent une distribution dissemblable des domaines.

Les climats tempérés (page 74)

Leur gamme est extrêmement large, à cause du jeu complexe des échanges et de la variété des modes de circulation. À la gradation nord-sud, se superpose une différenciation selon la situation dans les masses continentales qui, dans l'hémisphère boréal, présentent leur plus vaste extension en longitude. L'antagonisme entre océanicité et continentalité atteint ici sa plus forte intensité, rendant nécessaire un découpage en fuseaux méridiens. On distinguera donc, d'ouest en est, des climats océanisés, semi-océanisés, continentaux, de marges orientales.

Les climats polaires

La zone polaire conserve un bilan radiatif déficitaire tout au long de l'année. Source froide de la machine atmosphérique, elle joue un rôle-clef dans les transferts énergétiques. Il importe peu de décider si elle en constitue, ou non, le « moteur », si les expulsions répétées d'air froid sont le facteur premier ou simplement une des deux composantes du système d'échange. L'important réside dans cette élaboration permanente, nécessitant le départ (aisé) du froid et l'arrivée (difficile mais égale) du chaud. Essentielles également sont les modalités de la circulation et les nuances qui en découlent pour la zone.

L'empire du froid

La faiblesse de l'apport radiatif tient à la nuit polaire et, en été, à la position très basse du soleil sur l'horizon. L'effet de cet angle d'incidence très réduit est accru par le très fort albédo de l'eau solide (glace et neige) omniprésente. Bel exemple de rétroaction : le froid explique la glace ; la glace accroît le déficit… et le froid.

On trouve donc à la fois des amplitudes thermiques annuelles élevées et des températures moyennes annuelles (presque) partout négatives. Le froid est le plus intense là où à l'effet de latitude s'ajoute celui de l'altitude, c'est-à-dire sur l'*inlandsis* qui atteint 3 000 à 4 000 m. Autre manifestation de la rétroaction, l'entassement de la glace sur une telle épaisseur renforce la rigueur thermique.

La subsidence de l'air très dense est facteur d'anticyclogenèse. Mais les hautes pressions n'impliquent nullement l'immobilité. D'une part, les immenses versants lisses des inlandsis sont propices aux écoulements catabatiques rapides. D'autre part, l'éjection des masses anticycloniques froides vers les basses latitudes permet des baisses de pression ainsi que l'irruption de systèmes perturbés, amenant de l'air plus doux, qui s'avancent plus ou moins profondément en direction des pôles.

Cette pénétration difficile fait que les totaux pluviométriques se réduisent, grosso modo, de la périphérie vers le centre. Sur les inlandsis, l'évaluation de la tranche d'eau déposée par les chutes de paillettes très ténues est problématique : très faible assurément (< 100 mm). Impossible néanmoins d'évoquer une quelconque aridité, vu l'efficacité dérisoire de la sublimation en ce milieu essentiellement fait d'eau !

Les climats de l'Antarctique (figure 37)

Le trait décisif réside dans la position du continent à peu près centré sur le pôle. Il s'est enfoncé sous la masse de l'inlandsis (glacio-eustatisme) ; mais il en a permis l'édification sur plusieurs milliers de mètres. L'altitude maximale (> 4 000 m) n'est point trop éloignée du pôle et le cumul latitude-altitude joue à plein. L'épaisseur de l'inlandsis va de pair avec son étendue (14 millions de km^2), lui donnant un formidable pouvoir de production de froid. La limite de la zone, correspondant à l'isotherme 10 °C du mois le plus chaud, s'en trouve rejetée vers 55° de latitude S, latitude qu'atteint la banquise lors du mois le plus froid. Aussi peut-on considérer que l'espace polaire (continental et océanique) couvre 20 % de l'hémisphère. Sur l'océan, la banquise fluctue largement de l'hiver à l'été ; mais la circulation zonale des eaux n'y permet guère l'apport d'eaux chaudes. C'est donc l'atmosphère qui constitue le principal facteur de rééquilibrage thermique.

Ambiances et fonctionnements conduisent à distinguer quatre types, grossièrement disposés en auréoles. Leurs caractéristiques thermiques et pluviométriques sont résumées dans le **tableau 3** :

– la partie la plus élevée, pôle et Antarctique oriental (PSa), présente l'atmosphère la plus stable, le temps le moins troublé, une amplitude annuelle très forte. Les maxima extrêmes ne montent pas haut (–30 °C au pôle), mais les minima extrêmes sont impressionnants (jusqu'à –90 °C) ! ;

– l'Antarctique occidental nettement moins élevé et ses annexes des grandes plates-formes flottantes (PSb) connaissent une agitation accrue : des perturbations circulent parfois entre mer de Ross et mer de Weddel. La rudesse diminue un peu, tout comme les amplitudes ;

– la frange littorale périphérique (PSc) subit l'agitation maximale : vents de gravité descendus en tempête de l'intérieur, perturbations revigorées grâce au fort gradient thermique. Le manteau neigeux est épais, les températures sont moins basses et les amplitudes réduites ;

– l'extrémité de la péninsule et les îles (PSd) terminent la gamme avec des ambiances très fraîches, venteuses, à précipitations notables et amplitudes déjà océaniques.

Les climats de l'Arctique (figure 38)

Au nord, la zone est moins étendue (10 % de l'hémisphère) parce que l'organisation générale est inverse : le pôle se situe au cœur d'un océan. Il est certes englacé ; toutefois, il s'agit d'une banquise, permanente, mobile, mais surtout mince (de quelques mètres). Autour, les continents forment un amphithéâtre interrompu, à peine, par le détroit de Béring étroit et peu profond, plus largement au nord de l'Atlantique. Il y a bien un inlandsis bâti sur un morceau de continent : le Groenland, mais beaucoup moins étendu (1,8 million km^2) et formant une barrière méridienne entre 82° et 60° de latitude N.

La limite avec le tempéré descend nettement moins en latitude, et inégalement. Elle ne franchit le 60e que sur le Pacifique Nord et le nord-est du Canada. D'une part, l'Atlantique constitue une véritable bouche de chaleur qui épaule l'atmosphère dans le rééquilibrage. D'autre part, le substrat continental fait apparaître une esquisse d'été : l'isotherme 10 °C du mois le plus chaud s'approche donc des littoraux. En revanche, il renforce le froid hivernal et impose la subsidence du 90° de longitude E au 90° de longitude W en passant par le méridien 180. De ce fait, à la différence de l'Antarctique, la circulation perturbée répondant aux expulsions froides ne fait une ronde péripolaire qu'en été ; en hiver elle n'est active que de 90° de longitude W à 90° de longitude E en passant par le méridien 0°.

Pour toutes ces raisons, la disposition des domaines n'a rien de concentrique. Le **tableau 3** récapitule les grands traits des quatre types (plus une variante) :

Fig. 37 – **Les climats antarctiques.** Fig. 38 – **Les climats arctiques**

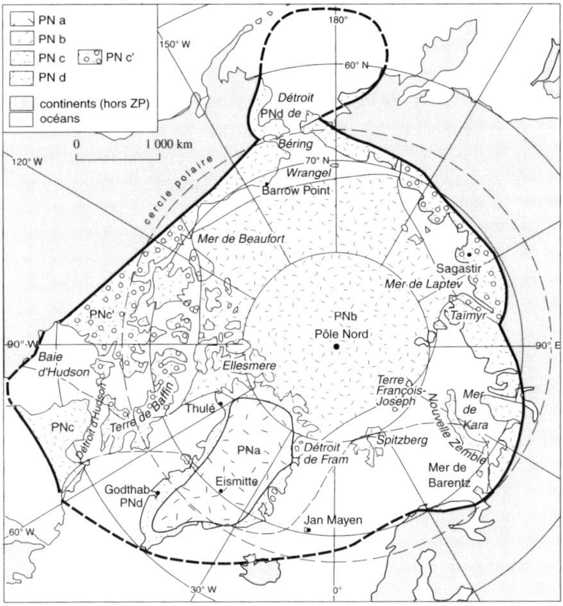

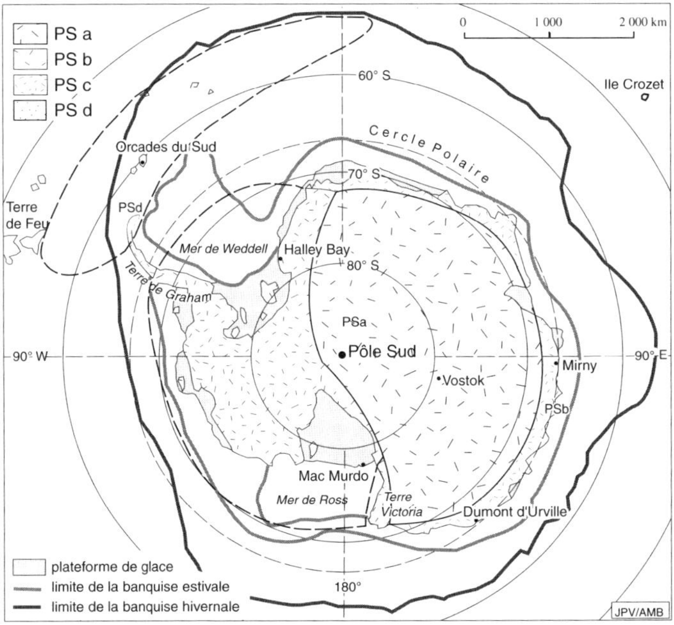

– le type PNa se limite à l'inlandsis groenlandais, rappelant l'Antarctique en moins froid (il ne s'élève qu'à 3 000 m) ;

– le type PNb correspond au bassin arctique : banquise permanente et archipels bordiers. L'amplitude y est forte car à l'hiver très rigoureux s'oppose un été « frisant » le 0 °C au pôle que perturbations et air « chaud » atteignent parfois ;

– le type PNc est constitué des bordures continentales asiatique et américaine. L'hiver y est un peu moins rude, sauf dans les secteurs les plus éloignés des océans (type c'). L'été connaît des températures positives, libérant quelque peu les côtes de la banquise. Les précipitations y sont déjà plus abondantes ;

– le type PNd regroupe des marges océaniques et des îles, autour de Béring et du détroit d'Hudson à la Nouvelle Zemble en passant par Sud-Groenland, Jan Mayen et Spitzberg.

Les climats tempérés

La seconde zone de cet ensemble s'étale aux latitudes « infrapolaires » et moyennes, si l'on prend pour limites, du côté des hautes latitudes : 10 °C pour le mois le plus chaud (correspondant à l'écotone toundra-taïga), du côté des basses latitudes : 15 °C de moyenne annuelle (correspondant au passage du déficitaire à l'excédentaire). Elle conserve donc un bilan déficitaire à l'échelle annuelle, mais connaît un renversement saisonnier plus ou moins durable. Son appellation habituelle, *tempérée,* lui convient plutôt mal. Si le qualificatif était entendu au sens de doux et peu contrasté, on ne pourrait lui attribuer que les climats maritimes ou océanisés. Pour l'étendre à la zone entière, il faut lui donner la signification de saisonnièrement alterné. Et de toute façon, ce tempéré-là reste plus froid que la moyenne terrestre. On ne le conservera que par tradition !

Une extrême diversité

La zone tempérée (ZT), ainsi définie, occupe environ le quart du globe, océans et continents confondus. Une telle étendue constitue un premier facteur de différenciation aux plans du bilan et des échanges :

– la limite côté polaire coïncide avec l'apparition d'un très bref excédent ; la durée de la période déficitaire se réduit à mesure que la latitude décroît ; l'égalité de durée est atteinte à la limite supratropicale ;

– la zone est balayée par le contact entre les cellules polaire et de Ferrel pour lequel on préférera ici l'appellation *discontinuité tempérée* (DT) au traditionnel Front Polaire. En été, les systèmes pluviogènes qui lui sont associés tendent à circuler plutôt dans la bande de plus haute latitude ; en hiver, ils empruntent plutôt des trajectoires plus basses en latitude… et descendent dans la zone supratropicale.

Un deuxième facteur réside dans la distribution spatiale des continents et océans qui fait apparaître une opposition fondamentale entre les deux hémisphères : le tempéré austral ne comporte, en fait de terres, que la pointe améri-

Tab. 3 – **Caractéristiques thermiques et pluviométriques des climats polaires**

Hémisphère Sud	**Température moyenne**	**Amplitude annuelle**	**Mois le plus chaud**	**Mois le plus froid**	**Précipitations moyennes (en mm)**
type PSa	≥ – 55 °C	≈ 38 °C	≥ – 32 °C	≥ – 71 °C	100
PSb	≈ – 18 °C	≈ 25 °C	≈ – 5 °C	≈ – 28 °C	100 à 300
PSc	≈ – 11 °C	≈ 16 °C	≈ – 2 °C	≈ – 18 °C	300 à 700
PSd	≈ – 4 °C	≈ 12 °C	≈ 0 °C	≈ – 10 °C	400 à 1000
Hémisphère Nord					
type PNa	≥ – 30 °C	26° à 36 °C	≥ – 11°	– 47 °C	≥ 100
PNb	– 17° à – 20 °C	37° à 43 °C	0° à 5 °C	– 33° à – 37 °C	70 à 150
PNc'	– 12° à – 17 °C	36° à 43 °C	≤ 9,9 °C	– 29° à 34 °C	90 à 330
PNc	– 7° à – 11 °C	26° à 35 °C	≤ 9,9 °C	– 22° à – 28 °C	100 à 460
PNd	+ 2° à – 6 °C	11° à 25 °C	≤ 9,9 °C	– 5° à – 21 °C	230 à 800

caine et des îles océaniennes ; le tempéré boréal présente un relatif équilibre entre les deux grands types de substrat. Il en résulte une triple conséquence :

– sur l'espace occupé, l'extension est plus grande dans l'hémisphère boréal ; les limites sont plus zonales dans l'hémisphère austral. En effet, la limite polaire court le long du 55° de latitude S, alors qu'elle sinue de 70° à 58° de latitude N. La limite supratropicale oscille entre 38° et 40° de latitude S, contre 43° à 35°de latitude N ;

– sur la circulation des eaux océaniques, au sud, elle est à peu près uniforme : zonale d'ouest ; au nord, les courants méridiens sont essentiels : dans le Pacifique comme dans l'Atlantique, des eaux froides descendent en latitude côté ouest, des eaux chaudes montent côté est ;

– sur le jeu des substrats. Au sud, l'océanicité prédomine de façon écrasante. Au nord, elle est fortement contrebalancée par la continentalité aux manifestations spectaculaires. Ainsi, l'effet radiatif détermine un abaissement considérable des températures hivernales, avec un écart de 40 °C sur les moyennes de janvier sur le 60° de latitude N (**figure 39**). De cet effet découle une très puissante anticyclogenèse qui modifie le schéma général de la circulation. En Eurasie, les vastes anticyclones sibériens, se renouvelant durant le long hiver, barrent la route aux perturbations d'ouest. Mais, même s'il leur arrive d'avancer vers l'ouest, ils glissent globalement vers l'est recouvrant de leurs masses froides les rivages orientaux.

Fig. 39 – **Anomalies thermiques en janvier dans la zone tempérée boréale**

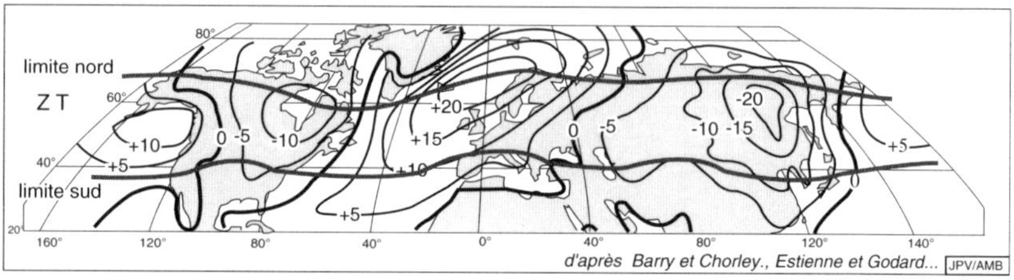

Un troisième facteur réside dans la disposition des grands axes montagneux dont l'impact est multiple :

– ils canalisent le déplacement des anticyclones froids pelliculaires (expulsions polaires et anticyclones continentaux). En Amérique, les Rocheuses leur sont infranchissables et les masses froides ne peuvent se diriger que vers le sud (les grandes plaines) ou l'est (l'Atlantique). En Asie, la route du sud leur est coupée par les hauts reliefs qui se relaient de la Caspienne à la Chine, ce qui renforce leur impact sur l'Extrême-Orient ;

– ils activent les flux perturbés en faisant des versants au vent des espaces de forte pluviosité. Ils les dénaturent en faisant des versants sous le vent des espaces peu arrosés. L'abri est le fait des grandes barrières méridiennes, aux piémonts balayés par des fœhns de grande ampleur (*chinook* des Rocheuses, *zonda* des Andes), comme des chaînes plus modestes qui contribuent à multiplier les climats régionaux.

De la combinaison de ces facteurs, résultent :

– une grande diversité des ambiances : succession rapide ou lente des temps, abondance ou faible nombre de leurs types, variabilité forte ou limitée ;

– de profonds contrastes pour les *éléments* mesurés. Contrastes thermiques : la gamme des moyennes annuelles s'étale de –10 °C à + 15 °C ; celle des amplitudes annuelles y atteint ses records : de 5 °C à 60 °C ; contrastes pluviométriques : on va du désert aux fronts montagnards recevant 5 000 mm et plus.

Le meilleur découpage de la ZT s'opère d'ouest en est sur les continents, en domaines : océanisés (TO), semi-océanisés (TO-C), continentaux (TC) et de marges orientales (TE). La subdivision de ces domaines se fondera ici sur

Fig. 41 – **Diagramme ombrothermique de Paris**

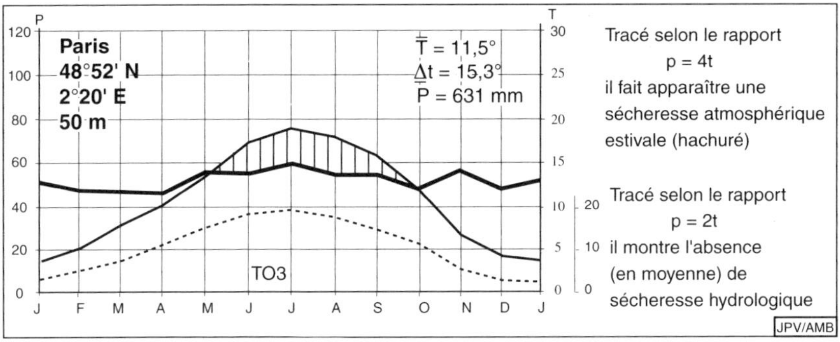

la durée, la présence ou l'absence de saison sèche, notées 1 (= aridité ou semi-aridité), 2 (= longue sécheresse), 3 (= courte sécheresse), 4 (pas de sécheresse). Il s'agit en l'occurrence de la sécheresse atmosphérique que l'on cerne au moyen du diagramme ombrothermique construit selon le rapport p = 4 t (**figure 41** et **document page 181**).

Les domaines océanisés (figure 36 et figure 40)

Fig. 40 – **Les climats océanisés et semi-océanisés de l'hémisphère nord**

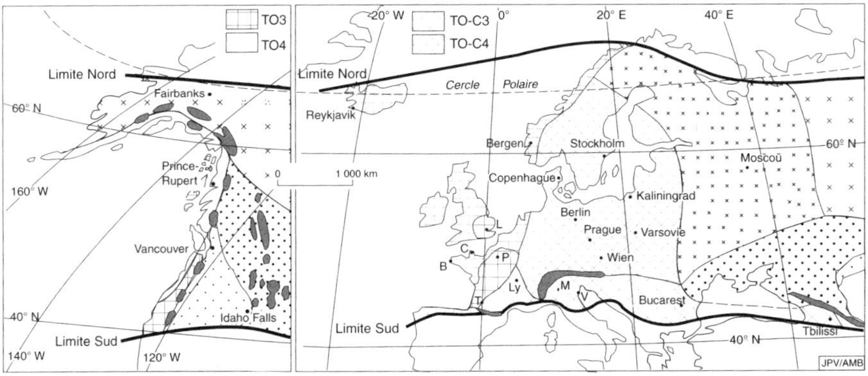

Ils ne sont pas absents dans l'hémisphère austral, s'étirant sur les côtes du Chili entre les 55e et 38e parallèles, de la Tasmanie et de l'île sud de la Nouvelle-Zélande (TO4). La fraîcheur des eaux océaniques y commande l'ambiance thermique. La constance de la circulation d'ouest y écrase les amplitudes à moins de 10 °C. La fréquence très élevée des passages perturbés en toutes saisons multiplie les jours arrosés. L'ascendance orographique explique des cumuls pluviométriques annuels de 2 000 à 5 000 mm et davantage.

Le long du littoral pacifique nord-américain, ce même type commence vers le 38e, où les eaux sont froides, pour s'étendre jusqu'au 60e en sud-Alaska, grâce aux eaux plus douces de la *dérive nord-pacifique.* À latitude égale, il fait plus chaud qu'au Chili, avec des amplitudes tout aussi faibles. Malgré des anticyclones un peu plus durables, il n'y a pas de saison sèche et les abondances sont tout aussi considérables sur les îles et les premiers grands reliefs. Seuls des secteurs abrités par les chaînes côtières connaissent une courte sécheresse estivale ; elle est plus durable en direction de la Californie nord (TO3).

En Europe, l'extension est plus grande encore, avec un décalage en latitude de 42° à 70° de latitude N, grâce à la dérive nord-atlantique. Le domaine couvre Islande et Îles Britanniques ; bloqué par les reliefs en Cantabrique et Norvège, il pénètre de plusieurs centaines de kilomètres en France :

– dans la variante la plus océanisée (TO4), la plus soumise aux vents et aux *tempêtes,* les températures moyennes, de 15 °C au sud, vont jusqu'à 4 °C sur la marge polaire ; mais partout les amplitudes restent inférieures à 15 °C. Les précipitations fréquentes donnent un total autour de 1 000 mm (Brest 1125, Cherbourg 920). Leur net affaiblissement saisonnier, printanier (quand dominent les anticyclones froids) au nord du 50e parallèle, estival (quand remontent les AST) au sud, ne suffit pas à faire apparaître une saison sèche ;

– en position plus abritée ou plus intérieure, sur le bassin de Londres et du bassin de Paris à l'Aquitaine (TO3), se manifestent les discrètes prémices de la continentalisation. Le total pluviométrique s'amoindrit (585 mm à Londres, 630 à Paris) et, surtout, les écarts saisonniers s'atténuent, jusqu'à une subégalité des mois. Au contraire, les amplitudes annuelles montent jusqu'à 18 °C, du fait du net abaissement des températures hivernales et de la légère augmentation des températures estivales (Paris : 4 °C et 19 °C). Bien que peu profonde, la sécheresse touche plusieurs mois de l'été (**figure 41**).

Les domaines semi-océanisés (figure 40)

Seul le continent européen, du fait de l'absence de barrière orographique méridienne continue, permet une prédominance alternée de l'océanicité et de la continentalité. Dans cette transition ouest-est, on peut distinguer deux ensembles.

Les types où la sécheresse est inconnue (TO-C4) sont situés au nord du 45e parallèle :

– autour de la Baltique. Les cumuls pluviométriques s'y établissent entre 550 et 700 mm. Le froid de l'hiver, de plus en plus vif vers le nord-est, y abaisse progressivement les moyennes annuelles jusqu'à 5 °C et accroît l'amplitude annuelle jusqu'à 25 °C (Stockholm 20,9 °C d'écart entre janvier [–3,1 °C] et juillet [17,8 °C]) ;

– de la Lorraine aux confins de la Russie. Un même durcissement des ambiances s'opère vers l'est (Varsovie : moyenne 7,7 °C, janvier –3,3 °C, amplitude 22 °C). Toutefois, basses montagnes et bassins multiplient les nuances régionales, plus ou moins rudes et arrosées ;

– sur l'axe Alpes-Carpates. La « dégradation » vers l'est est quelque peu occultée par le jeu des gradients thermiques et pluviométriques qui refroidissent les ambiances et accroissent les précipitations jusqu'aux sommets riches en neige et glaciers.

Les types où la sécheresse se manifeste et s'amplifie (TO-C3) constituent une gamme de transition avec le supratropical-méditerranéen :

– depuis l'océanisé. En Aquitaine orientale et dans le sillon rhodanien, l'air méditerranéen alterne avec celui de l'océan (*vent d'autan*, *vent du midi*). La chaleur estivale est forte (Toulouse détient le maximum record français, avec 44,3 °C, le 8 août 1923), la sécheresse courte mais profonde ;

– depuis le semi-océanisé. De la plaine du Pô à celles du Danube, les amplitudes dépassent 20 °C entre un hiver frais et un été chaud (Milan 2 °C et 25 °C). Les chutes, abondantes près des montagnes, limitées sur les bassins, ménagent une sécheresse de durée croissante vers l'est ;

– depuis le continental. De part et d'autre de la mer Noire, Moldavie et Géorgie présentent les mêmes ambiances, en moins arrosées.

Les domaines continentaux (figure 36)

Deux grands ensembles s'individualisent par un trait prédominant distinct.

Autour du 60e parallèle, les domaines continentaux sont d'abord froids. Ce froid, entretenu par l'effet radiatif occupe la très longue saison hivernale. Les anticyclones résultants font durer le manteau neigeux qui est de faible épaisseur, car les chutes ont lieu en automne. Le court été, seul caractère « tempéré » et qui permet la taïga, fait fondre non pas le *permafrost* mais la neige et les glaces superficielles. D'où le paradoxe d'une discrète sécheresse atmosphérique (type TC3) dans un milieu gorgé d'eau (en état de dysréisme).

– L'Eurasie présente une gradation longitudinale. La Russie à l'ouest du 50e méridien fait transition (type TC4) : amplitude annuelle inférieure à 30 °C (Moscou : de –10 °C à + 19 °C, avec une moyenne de 4,4 °C), et précipitations proches de 600 mm. En Sibérie, on passe progressivement à des moyennes inférieures à 0 °C et à des amplitudes records, jusqu'à 60 °C (Yakoutsk de – 43 °C à + 19 °C) (**figure 42**), tandis que les totaux pluviométriques descendent à 200 mm et moins.

– En Amérique du Nord, fermée à l'ouest et moins étendue, le domaine est plus homogène : pas d'amplitude supérieure à 45 °C, ni de cumul pluviométrique inférieur à 300 mm, et davantage de neige.

Entre les 50e et 40e parallèles, la sécheresse s'impose, jusqu'à produire l'aridité, selon les mécanismes déjà présentés (chapitre 5).

– En Amérique du Nord, ces climats naissent de l'abri des Rocheuses. Le type à longue sécheresse (TC2) couvre le piémont (à prairie), brièvement arrosé au printemps. Les ambiances thermiques se durcissent avec la latitude, mais les amplitudes restent autour de 30° (Bismark : –13° et + 22°). Le type (semi-) aride se loge au sud - sud-ouest, dans des bassins intramontagnards, ce qui réduit les totaux (Idaho Falls 188 mm), mais limite l'endoréisme.

– En Eurasie, le climat à steppe (TC2) s'étend au nord de la mer Noire. Il reçoit quelques précipitations en toutes saisons (total 400 mm) ; il connaît un été homogène et un hiver de plus en plus rude vers l'est. Le climat des déserts (TC1) couvre Touran, Dzoungarie et Gobi. Les chutes qui tombent

Fig. 42 – **L'effet continental : températures mensuelles et amplitudes en Eurasie**

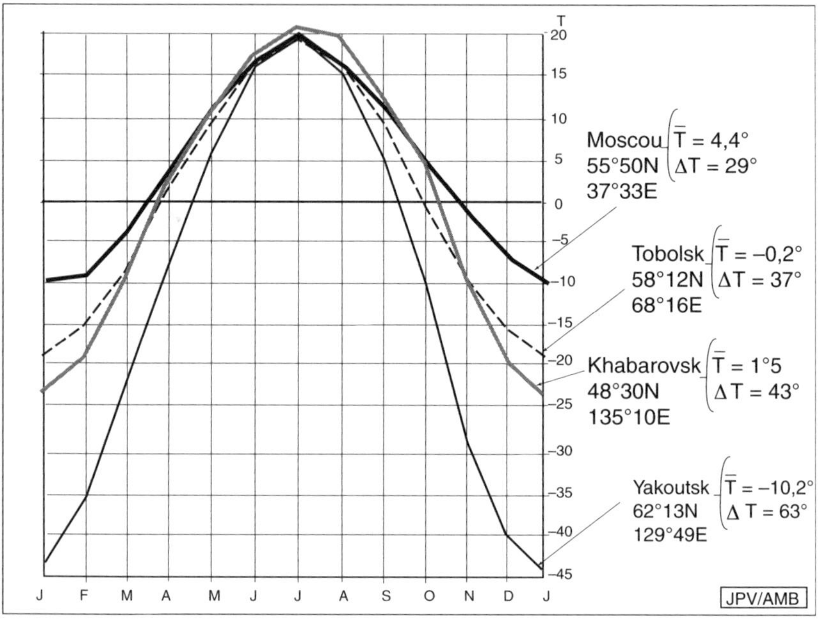

en des saisons différentes d'ouest en est, sont partout très faibles ; le froid hivernal, toujours plus vif vers l'est, pousse les amplitudes jusqu'à 40 °C.

Les domaines des marges orientales (figure 36)

Bien que proches de l'océan, ils ne sont en rien océanisés, ce dont témoignent les fortes amplitudes. L'influence continentale reste très prégnante et les anticyclones froids repoussent la limite méridionale vers le sud. En revanche, les apports tropicaux sont plus directs en été, car les AST se replient souvent vers le large. Les ambiances saisonnières sont donc très fortement contrastées ; les changements de temps très brutaux.

Entre 60° et 45° de latitude N, une transition avec le pur continental (TC-E4) existe tant en Amérique du Nord qu'en Asie, avec de petites nuances. Certes, toutes les moyennes annuelles se situent autour de 0 °C ; mais l'amplitude est plus forte sur les rives de la mer d'Okhotsk (> 35 °C) qu'au Labrador (> 30 °C). Surtout les précipitations sont plus copieuses sur celui-ci : quelque 800 mm, grâce à une alimentation diversifiée (baie d'Hudson, Grands lacs, Atlantique), que sur celles-là, 500 mm en provenance du seul Pacifique.

Plus au sud, les différences augmentent entre les deux continents :

– en Asie, où la gamme est large, le régime pluviométrique présente un maximum estival, isolé, très marqué et d'origine tropicale (alizés du Pacifique Nord). Pékin illustre le type à longue sécheresse (TE2), avec une moyenne de 11,8 °C, une amplitude de 31 °C (janvier –5 °C, juillet 26 °C) ; l'essentiel des 620 mm tombe de juin à août (surtout en juillet). En Mandchourie et Corée du Nord, on passe à TE3, au froid et à l'amplitude (40 °C) accrus. Séoul correspond au type TE4 (sans sécheresse) : l'amplitude y redescend à 30 °C (janvier –4 °C, août 26 °C) ; le passage de l'air sur la mer du Japon lui apporte plus de 1 250 mm. Le littoral nord du Japon, un peu moins rude, est plus copieusement et régulièrement arrosé ;

– en Amérique, où la gamme ne comporte que deux types, le régime est régularisé. En effet, les grandes plaines favorisent les descentes froides comme les montées tropicales venues du golfe du Mexique. L'alternance est donc rapide, les conflits sont vigoureux, et les perturbations de toutes les saisons : tempêtes de neige (*blizzards* dits *poudreries* au Québec), pluies et orages d'été. Vers l'intérieur, la sécheresse s'esquisse à peine (TE3), par exemple à Chicago (moyenne de 10 °C, amplitude de 27 °C). La côte Est ignore la sécheresse (TE4), ainsi New York qui reçoit près de 1 100 mm. Malgré une latitude proche de 40° N, la moyenne n'y est que de 12,5 °C, tandis que l'amplitude atteint 24 °C (janvier 1 °C, juillet 25 °C).

Dans l'hémisphère sud, aucune continentalité ne s'exerce sur les façades orientales peu développées. Seul joue l'abri, partiellement en Nouvelle-Zélande du sud, à plein en Argentine où la Patagonie correspond à une variante semi-aride.

SYNTHÈSE

À cause de la position des grandes plaques tectoniques, ces deux ensembles ne donnent que partiellement l'image d'une symétrie entre les hémisphères. Pour les zones polaires, le fonctionnement, fondé sur la production d'air froid, est certes identique. Mais l'Antarctique présente davantage de puissance, une organisation concentrique simple, une limite régulière sur l'océan, tandis que l'Arctique a des ambiances un peu moins dures et une délimitation sinueuse. Pour les zones tempérées, l'opposition est encore plus flagrante. Dans la ZT sud, la continentalité est pratiquement absente : on y trouve que des climats de façades, exposés aux perturbations côté ouest, abrités côté est. Dans la ZT nord, l'océanicité ne règne que sur d'étroites façades, sauf en Europe où peut se développer une transition semi-océanisée ; le durcissement des ambiances croît avec l'étendue continentale ; même les marges orientales gardent l'empreinte de la continentalité.

Pour en savoir plus

A. GODARD, M. F. ANDRÉ, *Les milieux polaires*, Paris, A. Colin, 1999, 453 p.	Propose une information très complète.

A. VIAUT, *Les aspects du temps en Europe occidentale*, Paris, Blondel la Rougery, 1947, 104 p.	Décrit très finement les situations à temps perturbés.
W. WEISCHET, W. ENDLICHER, *Regionale Klimatologie*, tome 2 : *Die Alte Welt*, Stuttgart-Leipzig, Teubner, 2000, 626 p. + 9 p. hors texte.	Très détaillé sur les climats européens et asiatiques.

7

LES ZONES EXCÉDENTAIRES

Le second ensemble est constitué, d'une part de la zone excédentaire en permanence, grossièrement bornée par les tropiques, d'autre part des deux bandes qui l'encadrent, globalement excédentaires mais point durant l'année entière. Cette distinction permet de leur assigner une limite théorique correspondant à un double critère thermique : la disparition de la gelée (du moins au niveau du zéro marin) et l'affirmation de la supériorité de l'amplitude nycthémérale sur l'amplitude annuelle. Concrètement, son tracé s'avère délicat, tant sur les océans que dans les déserts.

Les climats supratropicaux (page 84)

Ils conservent une opposition entre saisons thermiques, inégalement marquée selon substrats et longitude. La différenciation des ambiances s'explique principalement par la distribution des AST, c'est-à-dire l'existence de couloirs entre eux, la position et les déplacements de chacun. Trois grands types de domaines s'y individualisent.

Les climats intertropicaux (page 88)

En zone toujours chaude, la classification ne peut être fondée que sur la pluviométrie ; de fait, on va du désert aux records planétaires, bien supérieurs à 10 000 mm. Même si les totaux ne dépendent pas du seul EM, le battement de celui-ci permet de distinguer, au plan du fonctionnement, les espaces où intervient la mousson de ceux qu'elle n'atteint pas. Et, en la matière, les différences sont notables entre les grandes aires continentales.

Les climats supratropicaux

Du fait de leur originalité énergétique, les latitudes supratropicales constituent une véritable zone. Sa limite du côté tempéré se situe le plus souvent entre les 38 et 40es parallèles (avec deux extrêmes : 44° de latitude N en Europe, 35° de latitude N en Extrême-Orient). Sa limite du côté de la zone chaude ne fait que de rares transgressions au-dessous des tropiques. Entre les deux, il y a quelque 20 % du globe. On aurait pu conserver à cet espace son appellation ancienne de zone *subtropicale ;* mais elle pêche par imprécision. Le préfixe *sub* signifie : proche du tropique, sans préciser si c'est à une latitude supérieure ou inférieure. *Supra*, qui indique une latitude plus haute, gomme cette ambiguïté.

L'origine des contrastes

Trois grands types de domaines occupent la ZST : un type aride, un type à amplitude médiocre et sécheresse estivale, un type à amplitude variée et pluviosité maximale d'été. L'explication de cette hétérogénéité réside dans l'organisation des échanges et celle du champ de pression.

L'exportation de la chaleur s'opère :

– par le biais des courants océaniques chauds remontant en latitude le long de façades orientales des continents (ouest des océans) ;

– par l'éjection d'air de la cellule de Hadley dans les courants-jets de la haute troposphère ;

– par l'évacuation de masses de basse et moyenne troposphère qui contournent les AST sur leur flanc ouest, avant de se joindre à la circulation tempérée.

L'importation du froid passe, au contraire :

– par le biais des courants descendant en latitude le long des façades occidentales des continents (est des océans) ;

– par l'irruption en moyenne troposphère de vallées ou gouttes froides (figure 11) ;

– par l'afflux des expulsions polaires de basses couches qui vont se fondre dans les AST.

Les AST forment une ceinture discontinue et mouvante. L'ouest des océans connaît des interruptions durables, spécialement en été, saison d'exportation maximale (air tropical) et d'importation minimale. L'est des océans se caractérise plutôt par un balancement nord-sud, en liaison avec le déplacement saisonnier des cellules et les variations de puissance des coulées polaires. En été, ces AST montent en latitude sur les confins tempérés. Ils abandonnent ces confins en hiver, y laissant passer des perturbations, lors de leur reflux vers les basses latitudes.

Comme pour le tempéré, les ambiances climatiques seront différenciées en fonction de la présence ou absence de sécheresse (de 1 à 4).

Les domaines arides

Les divers mécanismes responsables de la subsidence ont été analysés au chapitre 5 (figure 35). On se limitera donc ici à la présentation générale des ambiances, de leurs variétés et transitions.

En Australie, le désert donne l'image d'une relative homogénéité. Elle est due à l'absence de courant froid le long de la côte occidentale et au rejet de la barrière orographique tout à l'est. Dans cet espace, balayé par des discontinuités frontales qui séparent les anticyclones avançant vers l'est et qui sont peu pluviogènes, l'amplitude est modérée (15° à 18 °C).

En Amérique du Sud, l'image est tout autre parce que le littoral pacifique subit l'effet du courant froid de Humboldt et parce que se dresse la haute barrière méridienne des Andes sèches. L'Atacama hyperaride, qui apparaît vers 30° de latitude S et se prolonge en ZIT connaît des amplitudes réduites à 7 °C, alors que le semi-désert du piémont argentin, repérable à partir du tropique et se prolongeant en ZT (Patagonie), a des saisons thermiques plus contrastées (amplitude 15 °C).

En Amérique du Nord, l'aridité est forte en Basse-Californie et surtout dans les bassins de l'ouest des Rocheuses (de la Californie à l'Arizona). La partie méridionale (nord du Mexique et Nouveau Mexique) reçoit quelques bouffées de pluies tropicales, la partie septentrionale (Nevada, Utah) quelques chutes produites par des perturbations. Les amplitudes croissent de 12° à 30 °C du sud littoral au nord intérieur.

Au sud de l'Afrique, le littoral namibien que longe le courant de Benguela est hyperaride et à amplitude très réduite (5 °C). À l'intérieur, dans le Kalahari, où l'amplitude monte à 12 °C, l'aridité s'affaiblit du fait de quelques apports venus par le sud et par l'est, de l'Atlantique et de l'océan Indien.

La grande diagonale d'Afrique-Asie possède sa variante littorale (Sud marocain, Mauritanie) à amplitude médiocre (13 °C), puis une immense extension de la variante due aux AST (quasi) permanents : Sahara au nord du tropique, Arabie, Moyen-Orient intérieur, avec une amplitude de l'ordre de 25 °C. À partir de l'Iran, s'ajoutent les effets de l'orographie juxtaposant dépressions hyperarides et montagnes. Celles-ci reçoivent, à l'ouest des longitudes de 75°-80° E quelques neiges venues d'ouest en saison froide, à l'est et jusqu'au Tibet quelques orages d'été. En allant vers l'orient, à mesure que le froid hivernal se fait plus dur, les amplitudes thermiques annuelles passent au-delà de 30 °C.

À l'ouest : cinq façades et l'exception méditerranéenne

À l'ouest des continents, une autre modalité du supratropical n'en occupe que la partie la plus haute en latitude (d'où la notation choisie ici SH) : quelque 8° entre les 30e et 33e parallèles, où elle fait place aux déserts, et les 38e et 41e, où commence le tempéré (sauf interruption du continent). Son originalité tient à sa sécheresse de saison chaude, durable (SH2) ou simplement notable (SH3).

Ce régime pluviométrique rare s'explique par la coexistence de deux traits :

– dans la majorité des cas, la présence d'eaux océaniques froides stabilisatrices et d'ailleurs responsables de brouillards ;

– dans tous les cas, l'inégal maintien des AST : quasi permanents en été, épisodiques en hiver.

La fréquence des passages perturbés pluvieux de saison froide augmente des confins désertiques aux confins tempérés océanisés : nulle part il ne tombe plus de 800 mm, sauf sur les reliefs. Dans le même sens, les températures littorales moyennes s'abaissent de 18° à 15 °C. Les amplitudes y restent faibles : de l'ordre de 6 °C au Chili, 8,5 °C en Californie, 9 °C au Cap, 11 °C en Australie du Sud-Ouest (Perth) ou du Sud (Adélaïde), 12 °C du nord-ouest du Maroc au Portugal. Elles augmentent vers l'intérieur ; mais cet intérieur est limité par les reliefs méridiens. Ces cinq domaines sont parfois qualifiés de méditerranéens, de façon un peu hâtive.

Certes, le « vrai » climat méditerranéen ressortit au même grand type ; mais il est doté de caractéristiques exceptionnelles :

– d'abord parce qu'il s'enfonce loin de la façade océanique, de 3 000 km vers l'est, grâce au large « couloir » zonal ménagé par la mer ;

– ensuite parce qu'il atteint la latitude de 44° N. Ce record tient à la chaleur de cette mer (moyenne de 15 °C au nord-ouest à 21 °C au sud-est) ainsi qu'aux reliefs périméditerranéens d'Europe qui déterminent de puissants effets d'abri, limitant ainsi très nettement l'espace tempéré ;

– enfin parce qu'il se caractérise par un style propre de perturbations, de taille médiocre, peu mobiles et surtout très productives en pluie grâce au fort enrichissement en vapeur d'eau (et énergie) des masses d'air d'origine tropicale sur la mer chaude (**figure 43**).

Il couvre tous les littoraux de la Méditerranée (sauf le sud-est, désertique), les îles, les péninsules étroites (Italie, Grèce) et deux mini-blocs continentaux (Ibérie et Turquie).

Fig. 43 – **Un exemple de perturbation méditerranéenne : le 12 novembre 1999**

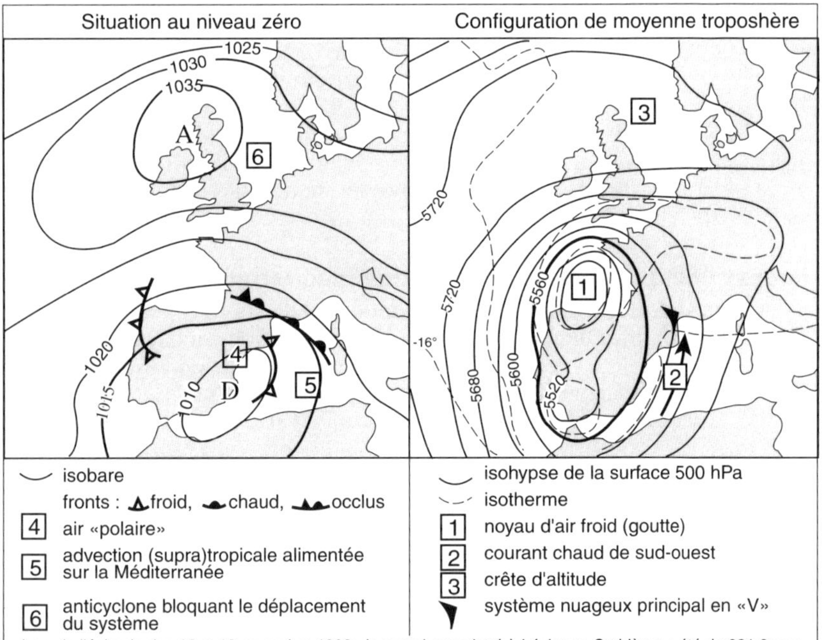

Lors de l'épisode des 12 et 13 novembre 1999, le cumul enregistré à Lézignan-Corbières a été de 621,2 mm dont 555,1 mm le 12 avec une intensité maximale de 112,2 mm en une heure. *Source : Météo-France* JPV/AMB

L'étroite frange septentrionale, dont fait partie le littoral français, présente les ambiances les moins chaudes et les plus arrosées (type SH3). Les hivers y sont relativement frais (janvier de 5 °C à 10 °C), les vents du secteur nord fréquents, violents et desséchants (tramontane, mistral, bora...). Elle subit les inondations brutales et récurrentes déclenchées par les « déluges » de printemps et surtout d'automne (quand la mer est encore chaude). Elle n'en est pas moins fort plaisante, avec son amplitude guère supérieure à 15 °C, avec son incomparable ensoleillement (2 500 à 3000 heures par an).

Vers le sud et le sud-est (SH2), les températures d'hiver et d'été augmentent ; le maximum pluviométrique se centre sur l'hiver ; aux flux de nord (vents étésiens de la mer Égée) s'opposent momentanément des flux brûlants de sud (*sirocco, khamsin*...). Sur les plateaux intérieurs, les conditions se durcissent, avec une amplitude de 20 °C et plus ; elles mènent aux marges de la semi-aridité dans les secteurs les plus abrités d'Espagne et d'Anatolie.

Les climats orientaux

Avec des AST très épisodiques, le fonctionnement est tout autre, le balancement en latitude plus ample (surtout dans l'hémisphère Nord), d'où la notation SB, la gamme des ambiances plus variée : les littoraux ignorent généralement la sécheresse qui se fait de plus en plus nette vers l'intérieur (d'où la série des types 4, 3, 2). En outre, les amplitudes sont très contrastées, fortes dans l'hémisphère Nord, faibles au sud.

L'extension de ces domaines est maximale en Amérique du Nord et en Extrême-Orient. On y retrouve les mêmes grands styles de circulation, en particulier l'alternance saisonnière entre les profondes descentes hivernales d'anticyclones froids, décalant vers le sud les trajectoires perturbées, et les puissantes remontées estivales des mécanismes tropicaux générateurs de pluies copieuses : alizés instables et même ouragans. Mais la ressemblance n'est que partielle :

– pour l'Asie, on parle de climat « chinois » ou, mieux, « cantonnais ». L'archipel japonais, au sud de l'axe montagneux, conserve une amplitude de 20 °C ; il est très arrosé par les perturbations d'ouest de saison froide et plus encore par l'alizé pacifique en saison chaude. À Tokyo, la légère rémission de juillet signale l'avancée des AST, juste avant que le maximum soit atteint à l'aide des typhons. Dans la Chine du Yang-Tsé, où l'amplitude monte à 25 °C, le régime est semblable. Mais, à mesure que l'on pénètre vers l'intérieur, seules sont abondantes les chutes de début d'été, peut-être nourries par des bouffées de mousson. La sécheresse s'accroît peu à peu vers les bassins montagnards ;

– pour les États-Unis, on peut parler de climat « sudiste ». Du sud-est au nord-ouest, les amplitudes grimpent de 15 °C à 27 °C. La différence vient de l'ouverture sur le golfe du Mexique : l'advection de son air chaud et chargé de vapeur nourrit bien plus copieusement les perturbations d'hiver et printemps et génère *supercellules orageuses* et *tornades* en été (**figure 44**). La Floride (SB4) a les plus fortes pluies estivales (auxquelles participent les hurricanes). Vers l'ouest (bas Mississipi), un second maximum se place au printemps. Vers le nord (Carolines), ces deux pointes s'émoussent. Sur le « Vieux Sud » intérieur, l'été passe au second rang, sans que soit atteinte la sécheresse.

Cette dernière apparaît du Texas au Kansas où le total passe sous 1 000 mm. Vers le 100e méridien, les pluies se font sporadiques (moins de 500 mm) et la sécheresse profonde (SB2).

Fig. 44 – **Les perturbations texanes**

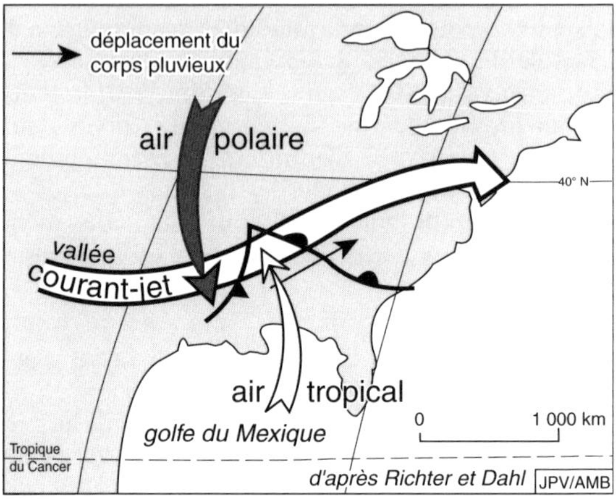

La spécificité de l'hémisphère Sud réside dans l'atténuation des contrastes thermiques saisonniers : l'amplitude y vaut 10 °C ou moins, sauf en Amérique du Sud, seul de ces continents à s'étendre en ZT. C'est là aussi que la part des pluies par perturbations est la plus importante face à celles de l'alizé. La disposition en bandes méridiennes à pluies décroissantes et sécheresse croissante vers l'intérieur ne connaît qu'une exception : l'Australie orientale où la montagne forme limite avec le désert :

– en Australie, le type sans sécheresse (SB4) occupe la Nouvelle Galles du Sud (Sydney), bordé au nord par SB3 (Brisbane) ;

– en Amérique du Sud, le SB4 court du Rio de la Plata au Brésil méridional, entouré par les deux auréoles SB3 et SB2 qui fait transition avec le piémont andin désertique ;

– en Afrique du Sud, le Natal (SB3) connaît une brève sécheresse d'hiver qui s'allonge sur les plateaux intérieurs, ainsi à Johannesbourg (SB2).

Les climats intertropicaux

La plus vaste des quatre zones (40 % de la surface terrestre, océans et continents confondus) ne pose pas de problème de désignation : le qualificatif intertropical n'est guère contesté, même si les limites ne coïncident qu'imparfaitement avec les tropiques. Au plan physionomique, ce sont les pluies qui fondent les différenciations internes, du fait de l'homogénéité thermique. Le critère de la sécheresse, utilisé pour ZT et ZST, est abandonné ici, sauf pour l'aride : 1. En effet, très rares sont les stations qui, à l'image de Singapour, n'ont aucun mois avec p < 4 t. L'attribution des indices repose donc sur le total annuel (étayé par l'aspect de la couverture végétale) : 4 pour les espaces recevant plus de 1 800 mm, jusqu'à 12 000 mm, voire davantage (et à forêt ombrophile ou mésophile) ; 3 pour ceux où P < 1 000 mm (et à formations de type savane) ; 2 pour ceux où P < 500 mm (et à paysage steppique). Encore faut-il approfondir les raisons d'une telle diversité dans l'abondance.

Des efficacités pluviales extrêmement variées

Les principaux systèmes pluviogènes ont été évoqués au chapitre 4 ; mais il faut ajouter au tableau des variations dans le temps et des mécanismes d'échelles plus fines.

La ZIT, située en permanence sous les cellules de Hadley, subit leur balancement saisonnier et, pour une bonne partie de la zone, les allers et retours de leur contact, l'équateur météorologique. Cette partie-là connaît donc la mousson pendant une période plus ou moins longue ; le reste ne connaît que l'alizé. Or l'ampleur du battement latitudinal de l'EM est fort inégale : modérée en général sur les océans, plus importante sur les continents, mais avec de grosses différences de l'un à l'autre.

Fig. 45 – **Les ondes d'est : pulsations dans l'alizé**

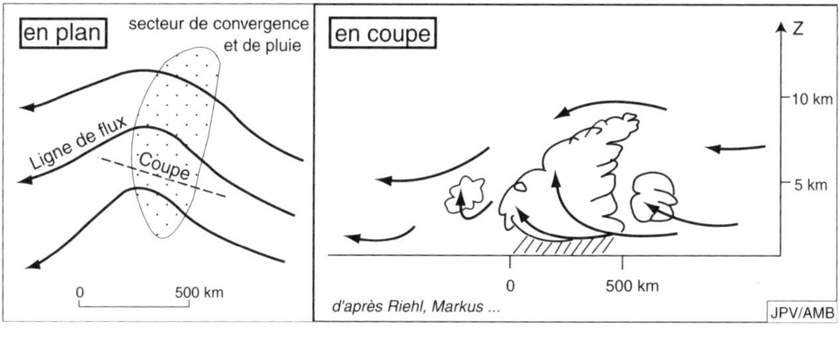

L'apport pluvial de l'alizé qui dépend des secteurs océaniques et des jeux de l'orographie (voir chapitre 4), change selon les conditions aérologiques. Ainsi, à l'ouest des océans son activité croît avec l'épaisseur de la couche instable, maximale quand les eaux sont les plus chaudes. Par ailleurs, le flux est parcouru par des *ondes d'est* (**figure 45**). Leur origine est discutée, variations de vitesse ou pulsations induites par les arrivées d'expulsions polaires dans les AST ; mais le résultat est clair : un effet de convergence générateur d'intensité accrue.

La mousson présentée sur la figure 26 correspond au cas où, avançant largement au-delà de l'équateur, elle se glisse sous l'alizé de l'autre hémisphère. Un tel équateur météorologique est *incliné* (EMI). Mais le contact peut n'entraîner aucune superposition ; l'EM est alors quasi *vertical* (EMV). Cela se produit quand le déplacement en latitude est réduit ; ainsi sur les océans où cette dynamique caractérise la situation de calme, depuis longtemps

Fig. 46 – **L'équateur météorologique vertical et les pluies du « pot au noir »**

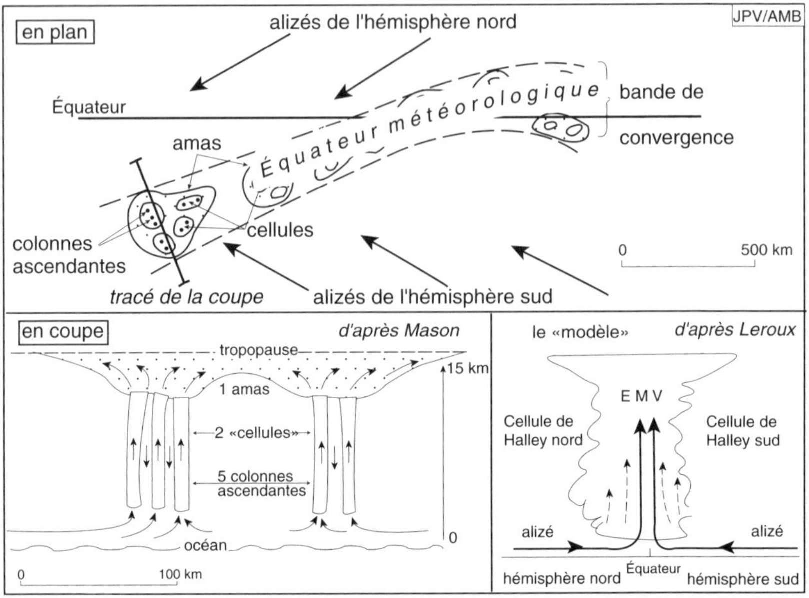

appelée *pot au noir* (**figure 46**). Le schéma est quelque peu différent en Asie où, pendant l'été, la cellule de Hadley nord est éliminée au sud de la barrière himalayenne, ce qui permet la considérable expansion de la cellule de Hadley sud, donc de la mousson, tant en latitude qu'en épaisseur (**figure 47**).

On a vu les ouragans absents entre 5° de latitude N et 5° de latitude S pour cause de nullité ou insuffisance de la déviation de Coriolis. En outre, comme leur bon fonctionnement dépend de la température de surface, les marges

Fig. 47 – **La mousson indienne**

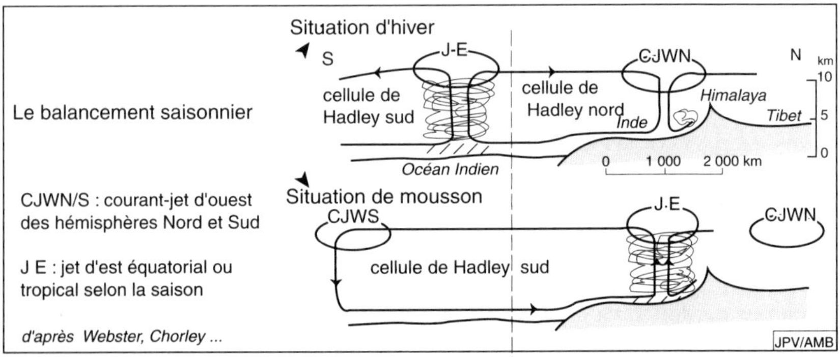

continentales situées au-delà sont inégalement sujettes à leurs occurrences. Leur fréquence est maximale dans le golfe du Bengale. En revanche, certains secteurs sont épargnés parce que les eaux bordières ne sont pas assez chaudes : ainsi les littoraux de l'Amérique du Sud non seulement côté Pacifique, mais aussi côté brésilien ; ou encore les côtes africaines, sauf face à Madagascar. Ainsi, les lignes de grains d'Afrique de l'Ouest peuvent évoluer en hurricanes, mais seulement après un trajet océanique ; c'est la Caraïbe qu'ils frappent.

La vigueur des brises entre terre et mer constitue un mécanisme pluviogène capital. À la rencontre avec le flux général (alizé ou mousson) un *front de brise* s'établit où l'ascendance, et donc la pluie, est très accrue. Le renversement nycthéméral du système déplace la bande de pluviosité maximale au fil des heures expliquant les très forts totaux sur les espaces littoraux.

Cette variété pousse à envisager séparément chaque aire continentale.

L'aire indo-océanienne

Cet ensemble, étendu du 75e méridien au 160° de longitude E, a pour caractéristique majeure l'ampleur du battement de l'EM sur les deux hémisphères : 43° de latitude sur le 70e méridien (au niveau de l'Inde), 33° sur le 110e (de la Chine du sud à l'Indonésie), 36° sur le 140e (au niveau de l'Australie). Sauf dans ce dernier secteur où il y a symétrie, il est plus important côté hémisphère Nord. Le nord de l'Inde constitue le seul cas où l'EM va au-delà du tropique, jusque vers 33° de latitude N, conduisant à annexer à la ZIT un secteur de latitude supratropicale. Dans cette aire immense, on peut distinguer trois sous-ensembles.

Un sous-ensemble équatorial qui comprend le Sri Lanka et l'archipel allant de Sumatra à la Nouvelle Guinée auquel on adjoint la Malaisie. Sur ces vastes îles parsemant les plus chauds secteurs océaniques, la température moyenne s'établit autour de 27 °C, avec des amplitudes dérisoires (1° à 2 °C). Les pluies sont considérables (type IM4), ainsi 7 000 mm au nord de Java, parce que les flux alternés, alizé de l'hémisphère et mousson venue de l'hémisphère opposé, y sont épais et humides ; parce que les effets convectifs et orographiques les instabilisent ; parce que les littoraux multiplient les jeux de brises. Le maximum pluviométrique coïncide avec le ou les passages de l'EM ; une certaine rémission avec son plus grand éloignement (ex : août à Djakarta).

Un sous-ensemble tropical nord qui englobe les péninsules indienne et indochinoise auxquelles on peut ajouter les Philippines. Les températures moyennes y sont du même ordre (autour de 27 °C), mais les amplitudes augmentent jusqu'à une douzaine de degrés vers le tropique, et davantage au-delà (20 °C à New Delhi). La pluviométrie y est plus contrastée, l'abondance croissant avec l'épaisseur et la durée de la mousson, la température de la mer et la fréquence des typhons, les effets de barrière :

– le secteur le plus arrosé se situe sur les marges nord et est du golfe du Bengale où des typhons fonctionnent de mai à octobre, depuis les montagnes de l'Assam (avec la station fameuse de Tcherrapoundji : près de 12 000 mm) au littoral birman ;

– les autres IM4 couvrent : la façade occidentale de l'Inde où la durée de la mousson se réduit vers le nord (4 mois à Bombay) ; les façades du Vietnam et de la Chine méridionale (Hong Kong 2 265 mm) où le poids des typhons peut retarder le maximum (ainsi à Hué) ; les Philippines où le tableau se complique d'une opposition entre littoraux est et ouest ;

– les domaines IM3 couvrent : le centre de la péninsule indochinoise doté d'une saison sèche de six mois (novembre-avril) ; l'est du plateau du Deccan et de la plaine du Gange où durée et abondance de la mousson diminuent de Calcutta (touchée par des dépressions remontant vers le nord-ouest) à Madras ;

– le domaine IM2 correspond à l'ouest des mêmes plateau et plaine. À l'abri des Ghates occidentales, l'efficacité de la mousson et sa durée sont réduites ;

– il y a même un secteur IM1 du Rajasthan au Pakistan parce que la mousson très brève y change de style : c'est une mince « langue » (EMI). Les mécanismes supratropicaux jouent le reste du temps, tout comme au pied méridional de l'Himalaya.

Un sous-ensemble tropical sud qui s'étend de la mer d'Arafura au centre de l'Australie. La mousson n'est pas très copieuse sur les péninsules du Nord australien, en dépit des ouragans (IM3, puis IM2). Vers le sud on passe aux types à alizé à saison pluvieuse de plus en plus courte, puis au désert (IA1).

L'aire américaine

Un peu moins étalée en longitude (35° W-110° W) que la précédente, elle comprend la partie septentrionale de l'Amérique du Sud (35° W-80° W), de part et d'autre de l'équateur, la partie méridionale de l'Amérique du Nord ainsi que l'Amérique centrale (80° W-110° W) s'arrêtant à 10° de latitude N, et l'arc antillais (60° W-85° W). La répartition des terres et des mers y joue donc différemment. Le battement de l'EM y est nettement inférieur, au maximum 33° de latitude sur le 55e méridien (Amazonie orientale), au minimum 15° de latitude sur le 90e méridien (de l'Amérique centrale aux Galápagos). Surtout, ses positions extrêmes présentent de tout autres tracés : le plus septentrional (occupé vers septembre) n'atteint pas 20° de latitude N et à peine 10° de latitude N au Venezuela, le plus méridional (occupé vers mars) dessine une profonde poche sur le Brésil (jusqu'à 20° de latitude S), mais se place au nord de l'équateur tant sur le Pacifique oriental (et sur l'État d'Équateur) que sur l'Atlantique au nord-est du Cap San Roque. Les domaines où la mousson n'intervient pas (ou très peu) constituent, au nord, une bande zonale irrégulière du Mexique à la Caraïbe et, au sud, deux bandes subméridiennes, l'une côté andin et pacifique, l'autre côté atlantique (l'est du Brésil). En outre, les grandes barrières des Rocheuses aux Andes y favorisent les descentes froides : les *nortes* en direction de l'Amérique centrale, les *friagems* en direction de l'Amazonie sud-occidentale.

Les domaines très arrosés (IM4) ne s'écartent guère de l'équateur ; d'où les températures moyennes de 25-27 °C, les amplitudes de 1 à 2 °C. D'est en ouest ils regroupent :

– les Guyanes (3 750 mm à Cayenne) où alternent l'alizé caraïbe et la mousson de sud-est responsable du maximum de mai et… du minimum de septembre quand l'EM est au plus loin au nord ;

– l'Amazonie (2 000 à 3 000 mm), milieu dysréique propre au recyclage permanent de l'eau dans une masse d'air soumise à des ondes et à la convection quotidienne ;

– le littoral colombien escarpé recevant sans cesse des grains de sud-ouest, sauf lors d'un court intermède alizéen à peine moins pluviogène. Là se situe le plus vaste secteur au monde recevant plus de 10 000 mm ;

– le Panama, touché par la mousson pacifique très convective, l'alizé atlantique et même des pluies par nortes (Cristobal 3 233 mm).

On pourrait leur adjoindre les sommets des îles antillaises les plus montagneuses (IA4).

Les domaines un peu moins arrosés, aussi chauds, ont une amplitude de 3 °C à 5 °C :

– le sud-ouest de l'Amérique centrale est atteint par la mousson (IM3). Sa rencontre avec l'alizé atlantique détermine un EM très actif. S'y ajoutent les hurricanes pacifiques, atlantiques et ceux qui traversent l'isthme ainsi que des situations à peine moins violentes dites *temporales.* En hiver, par temps d'alizé ou de nortes, le versant pacifique bénéficie d'un peu d'abri ;

– le nord-est de l'Amérique centrale et le Sud-Mexique n'en diffèrent que par la quasi-permanence de l'alizé (IA3) ; des pluies s'y produisent même à l'arrivée des nortes ;

– l'espace antillais, également de type IA3, a un maximum pluviométrique de fin d'été (alizé actif et ouragans), un minimum de cœur de saison « fraîche » quand les coulées froides renforcent les AST sur les Bermudes et que l'alizé est moins instable ;

– les espaces encadrant l'Amazonie : llanos vénézuéliens et Colombie connaissent une rémission pluviale quand l'EM est au sud ; le Mato Grosso présente une situation symétrique : saison sèche d'avril à octobre.

Les domaines encore moins arrosés (type 2) ont des moyennes annuelles de 24 °C à 38 °C et des amplitudes montant jusqu'à 8 °C :

– le Nordeste brésilien (IM2) ne reçoit qu'irrégulièrement une mousson en bout de course (vers mars) ; le reste du temps l'abri joue face à l'alizé tandis que l'AST atlantique étend sa protection en hiver ;

– le petit secteur littoral de l'Équateur entre 1° de latitude N et 1° de latitude S ainsi que les reliefs intérieurs connaissent quatre mois de pluies estivales d'alizé (IA2) ;

– le littoral nord-occidental du Mexique reçoit de brèves pluies d'été, d'alizé (et parfois de mousson). Les plateaux méridionaux intérieurs sont secs car abrités (IA2) ;

Les domaines semi-arides et arides (IA1) couvrent :

– le Mexique intérieur au nord du 20° de latitude N, très abrité (Potosi à 1 900 m : 360 mm) ;

– le littoral pacifique longé d'eaux froides ne bénéficie que de bruines. Il est semi-aride par 1° de latitude S et aride dès 3° de latitude S. La moyenne de Lima à 12° de latitude S ne monte qu'à 18 °C.

L'aire africaine

Beaucoup plus large au nord de l'équateur (entre 17° de longitude W et 51° de longitude E ; 60° de longitude E si l'on rajoute l'extrémité méridionale de l'Arabie), qu'au sud (entre 9° de longitude E et 51° de longitude E), elle se caractérise par une remarquable dissymétrie ouest-est. Côté Atlantique, l'EM ne quitte jamais l'hémisphère Nord, balançant entre 21° de latitude N en juillet et 10° de latitude N en janvier, ce qui signifie que la mousson, saisonnière au nord de 10° de latitude N, est permanente entre cette latitude et l'équateur. Côté océan Indien, il balaie le continent entre 20° de latitude N et 18 de latitude S, faisant alterner moussons de nord et de sud (**figure 48**). En janvier, le raccordement se fait par un tronçon méridien passant sur les grands lacs (vers 32° de longitude E). À l'ouest, la distribution des précipitations est à peu près symétrique, des latitudes équatoriales très arrosées aux déserts tropicaux. À l'est, l'abondance n'apparaît qu'à partir de 10° de latitude S, seul secteur africain touché par les ouragans.

Fig. 48 – **Le balancement saisonnier de l'équateur météorologique et de la confluence interocéanique**

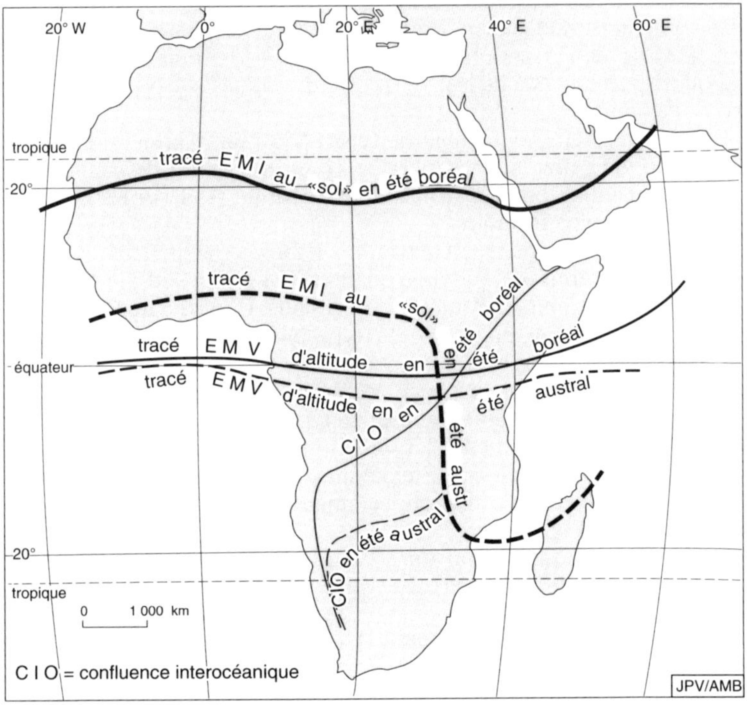

Les domaines à très fortes pluies sont, pour l'essentiel, axés sur l'équateur. Les températures moyennes y sont de 25-27 °C, les amplitudes de 2 à 4 °C :

– côté nord, il s'agit du type à mousson continue (IM4). Il couvre la côte du golfe de Guinée, d'une part à l'ouest de 5° de longitude W, d'autre part à l'est de 5° de longitude E, ainsi que le Sud-Cameroun, le Nord-Gabon et le nord du bassin du Congo. Le régime pluviométrique s'explique par les passages des divers secteurs de la langue de mousson (voir figure 26) ; le maximum, sous la partie la plus épaisse, se produit en juillet-août à l'est (ainsi à

Douala, total annuel 4 100 mm), en juin puis octobre à l'ouest (ainsi à Abidjan, total de 2 150 mm), avec la petite saison sèche entre les deux pointes (et la grande de décembre à février) ;

– côté sud, il s'agit du type à alizé continu (IA4) couvrant l'espace entre équateur et 4° de latitude S. Il fonctionne comme son homologue du nord, la cuvette congolaise rendant le régime plus confus (à l'image de celle de l'Amazone).

On peut leur adjoindre le front oriental de Madagascar soulevant l'alizé et frappé par les ouragans (IA4).

Les domaines de type 3 s'étendent largement autour des précédents :

– au nord, dans la bande dite soudanienne (IM3) qui va jusque vers 12° de latitude N, où alternent l'alizé de nord *(harmattan)* en saison sèche et mousson très pluvieuse entre juin et septembre (saison dite *hivernage* qui culmine en août) ;

– à l'est, dans le secteur des grands lacs (IM3) où les deux maxima correspondent aux deux passages de l'EM (avril-mai, novembre-décembre) et où les températures régulières sont rendues douces par l'altitude ;

– au sud, sur la partie sud du bassin du Congo (IA3) où le rythme ressemble au soudanien (avec maximum de décembre-mars), mais où les pluies résultent surtout de la convergence des alizés venant l'un de l'Atlantique, l'autre de l'océan Indien.

Ils occupent une place modeste côté océan Indien. IM3 couvre le nord du Mozambique et de Madagascar. La mousson, en bout de course, y converge avec l'alizé actif en été (janvier), tandis que des ouragans se glissent dans le canal du Mozambique. IA3 couvre le sud du Mozambique et la bande centrale de la grande île.

Les domaines secs (type 2) comprennent :

– la bande sahélienne allant d'un océan à l'autre autour de 15° de latitude N où la brève intrusion de la mousson apporte des pluies de moins en moins copieuses vers le nord (IM2) ;

– le Kenya et le Tanzanie, médiocrement arrosés près du littoral par les flux alternés parallèles à la côte, sauf lors de deux passages de l'EM, et abrités vers l'intérieur au creux du Rift (IM2) ;

– la bande allant du nord-est de l'Angola au Zimbabwe, où la courte saison des pluies est due à l'alizé estival (IA2).

Le semi-aride et l'aride sont présents sur le sud du Sahara, de part et d'autre de l'extrême avancée de l'EM (IM1 et IA1) ; en Somalie où la mousson perd l'essentiel de son efficacité (IM1) ; aux marges nord du Kalahari et Namib (IA1) que les eaux océaniques froides remontent jusqu'à 9° de latitude S sur la côte de l'Angola.

SYNTHÈSE

Fonctionnement et ambiances distinguent les zones exportatrices de chaleur. La ZST juxtapose trois types. La douceur des façades ouest, qui concerne un court liseré par continent, s'épanouit autour de la Méditerranée. Puissance et conjonction des subsidences donnent un développement maximal au semi-aride et aride. Les violents contrastes des marges orientales tiennent à leur position dans les couloirs d'échanges directs. La ZIT présente la plus large gamme de régimes et d'abondance pluviométriques. En Asie-Océanie, le battement record de l'EM donne la plus large prédominance aux domaines très arrosés. En Amérique, les effets de symétrie N-S sont réduits : au sud, le continent pèse lourdement et crée de vastes unités homogènes ; au nord et au centre, les océans laissent libre cours aux circulations touchant des unités morcelées. En Afrique, l'organisation plutôt symétrique à l'ouest (en dépit d'une mousson cantonnée au nord) disparaît à l'est opposant un nord sec à un sud plus arrosé.

Pour en savoir plus

M. Leroux, *Le climat de l'Afrique tropicale*, Paris, Champion, 1983, 663 p. + 250 p.	La thèse qui fait la synthèse la plus complète sur le fuseau africain.
P. Pagney, *Les climats de la terre*, Paris Masson, 2e éd., 1994, 167 p.	Par l'initiateur des études de climatologie tropicale en France.
H. Riehl, *Tropical Meteorology*, New York, Mc Graw-Hill, 1954, 392 p.	Le grand classique sur les climats des tropiques.

8

LES SOCIÉTÉS ET LEUR CLIMAT

Le rapport homme-climat est difficile à saisir. Au fil des temps, le poids des ambiances a été jugé tantôt déterminant, tantôt négligeable. En se gardant à la fois d'un déterminisme simpliste et d'une conception étroitement sociétale de l'environnement, on peut y voir une question centrale de la géographie.

Le potentiel climatique (page 98)

En tout lieu, le climat crée des conditions ambivalentes : les unes constituent des limitations à l'utilisation de l'espace, les autres des atouts. Les termes de cette ambivalence n'ont cessé d'être modifiés par l'évolution des sociétés. Un de ses aspects essentiels réside dans l'impact des ambiances sur la santé des hommes.

Les risques d'origine climatique (page 100)

Dans son acception actuelle, le risque résulte du croisement d'un aléa (un phénomène dangereux) et de la vulnérabilité (l'exposition et la fragilité) d'enjeux (des gens et de biens). Parmi les risques d'origine naturelle, celui lié au climat est le plus courant et le principal générateur de catastrophes dans nombre de pays.

Le climat urbain (page 104)

La modification des ambiances par la société a été fortement accélérée par l'urbanisation galopante. Un nouveau type climatique en est résulté, constitué de « taches » (inégalement étendues et distribuées sur les continents) et caractérisé par une altération du fonctionnement et une évolution des éléments mesurés.

La pollution atmosphérique (page 108)

Aux aérosols et gaz d'origine naturelle s'ajoutent ceux émis par les activités humaines. La pollution naît de leur accumulation, de leur mélange qui produit de nouveaux polluants. Elle subit des mutations dues à l'évolution technologique. Tantôt concentrée, tantôt diffusée, par les circulations de toutes échelles, elle crée des nuisances globalement croissantes.

Le potentiel climatique

Au thème du rapport homme-climat, le concept récent de *potentiel climatique* apporte un éclairage renouvelé. D. Lamarre (1999) en fournit une définition subtile : c'est à la fois le système liant l'homme au climat et l'outil pour l'évaluer. Plus simplement, on peut le présenter comme la « donne naturelle » vue sous l'angle de la société ; une donne que celle-ci peut utiliser (avantages), à laquelle elle doit s'adapter (inconvénients), avec laquelle elle doit, de toute façon, compter.

Contraintes et aménités

Le potentiel climatique présente, en un espace donné, deux faces inséparables : d'un côté, il induit une certaine sujétion et peut constituer un danger, de l'autre, il permet des activités et procure des ressources.

Pris séparément, les divers éléments du climat jouent un rôle tantôt limitant, tantôt favorable. La gamme des températures mène du difficilement supportable (très chaud) au franchement répulsif (très froid), la place du confortable dans la hiérarchie restant quelque peu subjective. L'abondance des précipitations décide de l'occupation de l'espace et de son aménagement puisque, pour une large part, elle contrôle l'écoulement (aréisme, endoréisme, exoréisme, dysréisme). Le vent illustre parfaitement cette ambivalence : sa violence est redoutée, mais elle assure la salubrité et fournit de l'énergie.

Mais, mieux vaut ne pas dissocier les composantes qui font l'ambiance atmosphérique (instantanée) et l'ambiance climatique (annuelle). En effet, le climat est le plus souvent perçu comme un tout. La confrontation du planisphère climatique et de celui des densités de population est loin de fournir une réponse simple. Certains espaces sont quasi vides (zone polaire) ou très faiblement occupés (tempéré hypercontinental, transzonal aride). Dans les deux autres types transzonaux, littoral et montagnard, l'explication doit conjuguer facteur ambianciel et facteurs historiques. Dans les domaines très arrosés de la ZIT, la forêt ombrophile peut abriter des populations très disséminées (certains secteurs d'Afrique ou d'Amazonie). Ailleurs (en Indonésie surtout), elle a été éradiquée par des « fourmilières » humaines. La ZT doit son appellation à un agrément qui vaut surtout pour les façades occidentales autour du 45e parallèle. Sa mythification tient à ce que des sociétés entreprenantes ont su progressivement maîtriser et exploiter efficacement son potentiel. Par la suite, ce « modèle occidental » a été exporté en des milieux plus rudes, en commençant par la façade est de l'Amérique du nord.

Des genres de vie à la mondialisation

Il est probable que l'adaptation étroite aux temps constituait une des occupations majeures des groupements humains primitifs, que leur mobilité était, pour partie, dictée par le jeu des contraintes climatiques.

Les civilisations passées se sont affermies en se protégeant progressivement mieux (habitat, vêtement…) et en rationalisant l'utilisation de leur territoire en liaison avec les rythmes saisonniers (nomadisme raisonné, maîtrise relative de l'eau…). Mais le poids du climat restait si clairement intégré qu'il débordait le cadre matériel. De l'Antiquité au XVIIIe siècle, il conduisit à l'élaboration de multiples « théories des climats », inféodant aux ambiances les traits morphologiques des ethnies, leurs comportements individuels et collectifs, leurs modes de pensée.

La révolution industrielle, en relâchant le lien au sol nourricier et en détachant le niveau de vie de ses productions, amorça un changement radical. Elle constitua une sorte de libération (au moins pour les nantis des pays nantis). En cela, elle renforça les écarts entre les diverses sociétés de la surface de la terre, donc leur diversité. On conçoit alors qu'au moment où la science géographique émergeait (XIXe siècle), elle ait fait de ces *genres de vie* contrastés un thème d'étude majeur.

L'essor du XXe siècle a profondément modifié la relation à « l'ordre naturel ». Pendant les Trente Glorieuses, la foi en la toute puissance de la technologie a fait croire à une domestication prochaine du milieu, donc à une marginalisation du potentiel climatique. Les faits ont rapidement montré la vanité de cette croyance. Mais elle a eu pour écho les convictions naïves des adeptes de la « géographie hors-sol » qui ont nié la composante physique de l'environnement. Certes, l'évolution socio-économique a provoqué un déplacement des contraintes et aménités et, parfois, des retournements spectaculaires. Un seul exemple : du fait du tourisme, on a vu les littoraux chauds assiégés en été, les montagnes froides colonisées en hiver. Mais en quelque sens qu'on l'utilise, le climat est toujours là !

Actuellement, la diffusion de la civilisation occidentale et le processus de mondialisation tendent à uniformiser les modes de vie (ainsi au plan urbanistique). L'accélération des échanges, des voyages et des migrations bouleverse le jeu des *acclimatations* (séjour bref), voire des *acclimatements* (séjour durable). Désormais, l'impact du climat se lit surtout en termes de santé et de risques.

Ambiance, confort, santé

La relation climat-santé est l'objet de la *bioclimatologie humaine.* Cette discipline en plein essor présente deux aspects distincts mais complémentaires : celui des répercussions physiologiques et celui des répercussions pathologiques.

Le premier aspect fait référence à l'homme en bonne santé dont le corps doit être considéré comme « un système ouvert doté d'une stabilité remarquable » [J.-P. Besancenot 2001]. Cette propriété de « rechercher en permanence le maintien des paramètres physiologiques à leurs valeurs nominales » [*ibid.*] a reçu l'appellation d'*homéostasie.* Afin de lutter contre les variations de l'environnement atmosphérique, l'organisme exerce une régulation consistant en des échanges avec l'extérieur :

– il y a échange thermique, au niveau de la peau, puisque le corps maintient une température quasi constante. La façon dont il ressent la température extérieure ne correspond pas à la valeur mesurée par le thermomètre ; elle est modulée par le vent et l'humidité. Pour tenir compte du premier, on évalue le *pouvoir réfrigérant de l'air* à l'aide d'un *indice de refroidissement de la peau nue* (en W/m^2) qui classe les ambiances de la plus « tonique » (froide) à la plus « atonique » (chaude), en passant par la « relaxante ». Mais, comme le froid et le chaud sont d'autant plus difficiles à supporter que l'air est plus humide, il a également été proposé une *température effective* qui est celle de l'air saturé qui fournirait la même sensation. Cet *indice d'inconfort,* dit aussi THI (*temperature-humidity index*), définit, autour du « confortable », une gamme allant du « torride » à l'« hyperglacial » ;

– il y a échange de vapeur d'eau dans les alvéoles pulmonaires. À ce niveau, le rôle clef revient à la *tension de vapeur,* c'est-à-dire sa pression partielle mesurée en hPa, une grandeur « qui est sans signification directe en climatologie physique » (*ibid.*). Autour d'une valeur idéale, dite « équilibrée », se placent celles qui sont trop faibles (rude, âpre) et trop fortes (d'« émolliente »... à « débilitante »... et « mortelle »).

Le second aspect fait référence à la vulnérabilité de l'individu qui le fait basculer dans la maladie. En la matière, le climat agit selon plusieurs modes :

– la *surexposition* à des temps « violents » qui induit des stress brutaux. Il en est ainsi des coups de froid ou des coups de chaleur. La *canicule,* qui a été particulièrement bien étudiée, est dangereuse surtout par la persistance des hautes températures pendant les nuits ;

– la *météorosensibilité* dont l'action est indirecte. Dans ce cas, le temps et plus spécialement le changement de temps constituent non pas une cause mais une occasion de déclenchement de la maladie. Le cas de l'infarctus est présenté dans le **document p. 176** ;

– enfin l'ambiance peut jouer de façon encore plus indirecte, en favorisant la propagation des germes, virus ou vecteurs, un phénomène fréquent dans la zone chaude.

Même si le traitement par le climat, la *climatothérapie,* n'est plus guère à la mode, il n'empêche que les ambiances où nous vivons nous sont inégalement favorables.

Les risques d'origine climatique

Le risque étudié ici se limite aux menaces que certaines manifestations climatiques font peser sur les sociétés et leur aménagement de l'espace. On parlera non pas de risque climatique, ce qui aurait l'air de faire des violences climatiques les seules responsables, mais de *risque d'origine climatique,* pour souligner que la responsabilité est partagée par la société qui s'expose, volontairement ou non, à ces violences.

Les temps forts

Faisant référence aux deux sens du mot temps, les *temps forts* se définissent d'une part comme des manifestations brutales du fonctionnement climatique, d'autre part comme des moments particulièrement dangereux. Ils résultent pourtant de mécanismes habituels ; leur différence avec les temps banals est une question de degré, non pas de nature. Ils renvoient à deux styles opposés de dynamique verticale. D'une part, l'instabilité qui génère des temps forts brefs correspondant à des « débordements » d'énergie, telles les tempêtes, simple exagération des perturbations. D'autre part, la stabilité qui produit des temps forts durables, telles les sécheresses prolongées, simple maintien d'une situation anticyclonique.

La violence constitue donc un aspect tout à fait normal de l'ambiance. Elle est inscrite dans le système parce qu'il est une machine qui échange de l'énergie ; parce que les transferts méridiens, compliqués par la circulation zonale, s'opèrent par à-coups ; parce que le contact entre masses d'air contrastées, se mélangeant mal, crée des gradients et creuse des dépressions ; parce que la stratification de l'air induit de vigoureux brassages verticaux.

Toutes les zones en subissent les conséquences, mais chacune a son propre lot de temps forts (voir chapitres 6 et 7). La ZIT dissipe son trop plein d'énergie dans les ouragans ; les irrégularités de la mousson y bouleversent le bilan hydrique ; le grand rééquilibrage périodique du *niño* y redistribue les pluies de façon drastique. La ZST est caractérisée, à l'ouest, par des perturbations (méditerranéennes) très actives ; au centre-est par des systèmes spectaculaires (tornades) ; à l'est par des renversements brutaux de flux et d'ambiances. La ZT est, à l'est, familière des mêmes basculements, à l'est et au centre de blizzards, à l'ouest de répétitions de passages perturbés. La ZP, déjà guère vivable, est en outre agitée (tempêtes océaniques et vents catabatiques des inlandsis).

Fig. 49 – **Positionnement de quelques temps forts dans l'espace-temps**

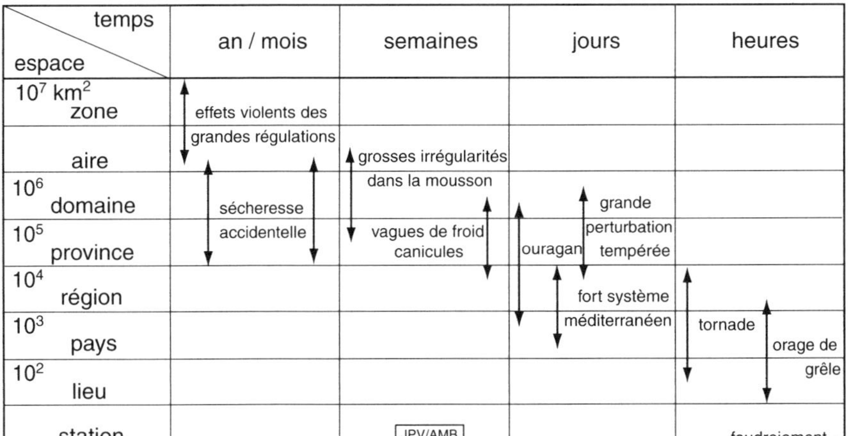

Les temps forts présentent des durées et des extensions contrastées (**figure 49**). Au plan spatial, ils peuvent renvoyer à plusieurs ordres de grandeur parce que :

– les types à structure stable ont une emprise aréolaire dont l'extension varie avec la taille des anticyclones *bloqués* renforçant chaleur ou sécheresse ;

– les types à structure instable, d'emprise le plus souvent linéaire, ont des parcours de longueurs très inégales : des dizaines de kilomètres pour les tornades, des milliers de kilomètres pour les perturbations.

Au plan temporel, les structures stables sont en général les plus durables, les plus instables sont les plus éphémères (orages).

Les temps forts ont également des impacts différenciés qui peuvent être :

– directs, c'est-à-dire engendrés par le météore lui-même : tempête à effet instantané, subsidence à effet cumulatif ;

– indirects, agissant par le biais des processus hydrologiques : inondations ;

– composites, particulièrement dans les cas des ouragans qui additionnent effets *anémométriques,* pluviométriques, hydrologiques (sur mer et terre), morphologiques (mouvements de terrain sur les versants) ;

– induits, quand la réponse est également commandée par l'action de la société (incendies, pollution atmosphérique).

Vulnérabilité et prise de risque

Tous les climats connaissent des temps forts, mais, pour autant, le risque climatique n'existe pas partout sur le globe. Il n'est présent que sur les territoires tenus, occupés, exploités par des sociétés. Par exemple, parler de risque en ZP n'aurait guère de sens puisqu'elle est pratiquement vide d'hommes. De même, les violences des climats océaniques n'ont d'importance que dans les secteurs correspondant aux routes maritimes fréquentées. Les domaines arides jouent également un rôle marginal en la matière. Les autres types transzonaux se placent d'autant plus haut sur l'échelle des risques qu'ils sont plus densément peuplés. Plus généralement, les domaines, provinces, régions... des ZT, ZST et ZIT ne sont à risques que dans la mesure où des sociétés y sont exposées aux aléas atmosphériques.

Toutefois, la densité des populations n'est pas seule en cause. Comme les sociétés sont plus ou moins aptes à se protéger, elles ont une vulnérabilité inégale. On a coutume de graduer cette fragilité à l'aune de leur niveau de développement. Bien que cette approche soit passablement réductrice, on peut en reprendre les grandes lignes :

– dans les pays pauvres, la prise de risque est largement involontaire, s'agissant de populations guère au-dessus du niveau de survie. En témoigne l'ampleur du désastre en Haïti fin 2004. Ici, les *enjeux* sont surtout les vies humaines. La vulnérabilité est maximale parce que la démographie croît si vite que les ressources manquent pour améliorer les moyens de défense. Le fatalisme y est d'autant plus répandu que le danger climatique y est parfois surpassé par les dangers sociétaux. Malchance supplémentaire, beaucoup de ces états à économie faible se situent à des latitudes bien dotées en temps forts, appartenant à ce qu'on nomme le « Sud », très improprement vu leur situation « centrale » autour de l'équateur ;

– les pays riches ne sont nullement à l'abri des temps forts ; même l'Europe tempérée océanisée est touchée par inondations, tempêtes, vagues de chaud et de froid ! La différence réside dans la nature des enjeux. Les pertes humaines sont significativement inférieures grâce au niveau atteint par prévention et prévision. En revanche, les dommages aux biens atteignent des montants considérables. C'est justement en cela que le risque est pris en toute connaissance de cause. Le développement constant des infrastructures et des réseaux conduit à une exposition et une fragilité accrues. L'attitude face au risque ressortit pour une bonne part au calcul économique. Les évacuations massives (Floride, automne 2004) ont un coût, tout comme les mauvaises saisons touristiques en montagne (manque de neige). L'arrêt (le plus bref possible) des installations industrielles constitue un manque à gagner contre lequel on s'assure, tout comme les calamités agricoles (grêle). Mais, réparer les dégâts devient une routine qui, finalement, regonfle le PIB !

Le spectre de la catastrophe

La *catastrophe,* c'est le risque réalisé. Ce passage du virtuel au réel pose un problème de vocabulaire. Il est préférable de réserver catastrophe aux cas ayant fait des victimes. Quand il n'y a que des dommages matériels, on peut parler de simple *excès.*

Avec la mondialisation, les catastrophes bénéficient d'une médiatisation croissante et spécialement celles d'origine climatique qui sont imparables, spectaculaires et fréquentes. Leur place au « palmarès » est due tant au coût en vies humaines (record de plus de 300 000 morts à la suite d'un typhon au Bangladesh en 1970) qu'au coût financier (viennent en tête les hurricanes ayant frappé les USA, comme Andrew : 20 milliards de dollars en 1992). Selon les réassureurs, ces coûts croissent, bon an mal an, à un rythme soutenu.

Fig. 50 – **La gravité du risque d'origine climatique depuis 10 000 ans**

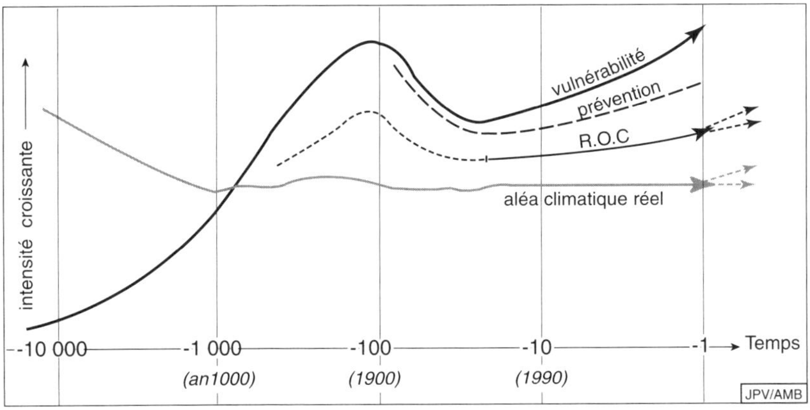

Le risque d'origine climatique augmente donc. Pour l'expliquer, il faut le replacer dans une perspective historique (**figure 50**). Longtemps, il a crû grosso modo avec la population. Il a culminé autour de 1900 quand il était encore impossible de parer aux famines-hécatombes induites par les temps forts. Les progrès du XXe siècle ont d'abord amélioré la situation. Mais dans la seconde moitié, l'explosion démographique des pays pauvres et le développement matériel des pays riches ont multiplié les enjeux. Il apparaît clairement que, dans l'évolution actuelle, c'est la *vulnérabilité* qui augmente partout. L'essor urbain généralisé n'est pas vraiment un facteur de réduction, non plus que la tendance à la littoralisation. Dans les pays riches, où les populations confiantes en la technologie peinent à reconnaître la place du naturel dans l'environnement, la prévention a son revers – elle constitue plutôt un obstacle à la diffusion de la « culture du risque » –, la législation aussi (en France, la loi Catastrophes naturelles permet des indemnisations systématiques).

Mais l'aléa augmente-t-il ? Les temps forts deviennent-ils plus nombreux et puissants ? À l'échelle du globe, la réponse est très probablement non, les écarts repérés s'inscrivant dans le cadre de la variabilité « normale ». Prétendre que oui, c'est, aujourd'hui, forcer la réalité afin de mobiliser l'opinion face au changement climatique pronostiqué (d'origine anthropique), une question que développera le chapitre 10.

Le climat urbain

Non seulement les sociétés composent avec leur climat, mais en outre elles le modifient, à des degrés très divers. Si les tentatives de modifications volontaires n'ont rien donné de probant, les modifications involontaires ne manquent pas : celle produite par l'urbanisation est indiscutable.

Un climat transzonal artificiel et capital

Les premières stations de mesures météorologiques étaient implantées en ville, dans des jardins ou des observatoires. Au milieu du XXe siècle, la plupart ont été délocalisées dans des aéroports situés en périphérie avant d'être cernées, à leur tour, par la marée urbaine. Ces déplacements auraient pu occulter les transformations de l'ambiance ; mais elles ont pu être mises en évidence par référence aux stations centrales survivantes et aux postes ruraux. Il est clairement apparu que la poussée urbaine, vertigineuse dans la seconde moitié du XXe siècle, induisait des effets spectaculaires. Elle a créé un nouveau type climatique, assurément transzonal puisqu'il se retrouve dans (presque) toutes les zones. En dépit de son extension encore modeste, il faut lui accorder une importance considérable : en 2000, il concerne la moitié de la population mondiale, quelque trois milliards d'humains !

Bien évidemment, ce type n'est nullement uniforme. Comme les trois autres climats transzonaux, il consiste en un ensemble de traits spécifiques venant moduler les conditions zonales et domaniales, sans les abolir. Par exemple, l'effet le plus net – le relèvement des températures – ne fait pas disparaître le froid hivernal à Montréal où, dans l'hypercentre, une « ville souterraine » vient doubler celle de surface. Par ailleurs, l'ampleur de la modification est fonction de la taille de l'organisme urbain ; elle culmine donc dans les plus grandes métropoles et mégalopoles.

Au sein de ces climats « métropolitains », des nuances existent en nombre infini, du fait des différences dans la densité du bâti, de la place dévolue aux espaces verts, du tracé et de la largeur des voies, des matériaux, des expositions… Des nuances difficiles à quantifier faute de postes fixes en nombre suffisant et que l'on estime grâce à des mesures itinérantes. Parallèlement, on a pu saisir les modifications apportées aux mécanismes aérologiques.

Un fonctionnement modifié

L'impact des grandes agglomérations se lit sur le bilan thermique, la stratification des basses couches et la circulation aux échelles fines.

Si le rayonnement solaire direct est affaibli par la présence accrue d'aérosols et de poussières, les pertes immédiates sont réduites à cause de la faiblesse de l'albédo. Par conséquent, le bilan énergétique n'est que médiocrement affecté. Mais plusieurs mécanismes interviennent ensuite. La libération de la chaleur piégée par le bâti décale d'une ou deux heures minimum et maximum. Ensuite, du fait de la rareté des surfaces pouvant évapotranspirer (étendues d'eau et végétation), la restitution se fait peu sous forme de chaleur latente et beaucoup sous forme de chaleur sensible, ce qui élève la température. À cet apport s'ajoute enfin le produit des multiples combustions (industrie, chauffage, transports) qui est d'autant mieux conservé sur place que le vent est plus faible, l'air plus stable.

Fig. 51 – **La spécificité de l'atmosphère urbaine**

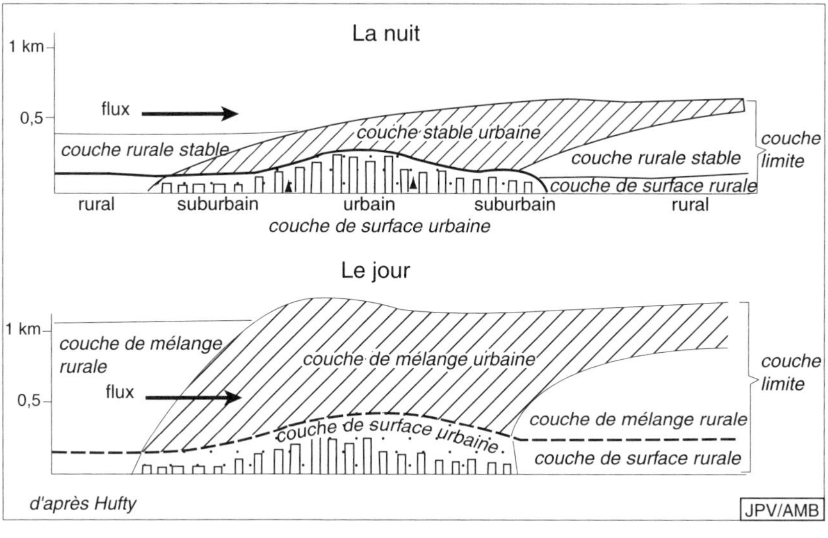

Le contact avec la ville donne à la *couche limite* (partie la plus basse de la troposphère) un profil spécifique d'autant mieux individualisé que la circulation atmosphérique régionale est lente ; on parle de *couche urbaine* (**figure 51**). Son épaisseur varie avec le rythme nycthéméral. La nuit, le niveau inférieur ou *couche de surface* en contact direct avec les constructions, reste mince bien qu'un peu plus dilatée qu'en rase campagne. Le niveau supérieur, qui est stable, atteint seulement 200 à 300 m. Le jour, la convection donne davantage de volume à l'ensemble. Le niveau supérieur, dit alors *couche de mélange* parce qu'un brassage vertical l'anime, s'élève jusque vers 500 ou 1 000 m.

L'empreinte urbaine se marque également sur le régime des vents. Dans le cas où le flux est sensible, la rugosité accrue du substrat exerce globalement un effet de freinage et par là même de convergence. Le mécanisme est net à l'ouest de Paris où le quartier de La Défense constitue un lieu de forte

Fig. 52 – **L'îlot de chaleur urbaine de l'agglomération lilloise, le 10 juillet 1999**

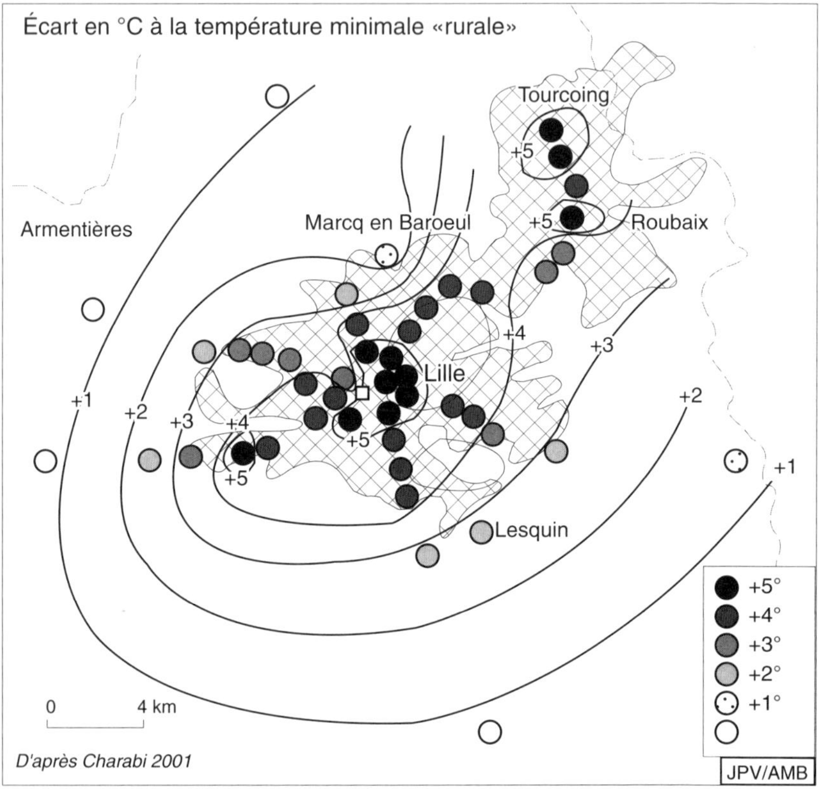

ascendance. Mais, dans le détail, la fragmentation du bâti produit des effets d'accélération et de canalisation, inégaux selon l'orientation des rues. Dans le cas où les flux sont faibles, le contraste de température entre l'agglomération et son environnement non urbain induit une véritable *brise de campagne,* venant de la périphérie rurale. Sa force est fonction du gradient de pression entre les deux milieux, lui-même commandé par le gradient thermique (**figure 52**).

Une autre ambiance

Toutes les composantes du temps subissent le forçage urbain ; mais ses incidences sont inégalement repérables. Le surplus de chaleur en constitue la manifestation la plus patente (**figure 53**). Pour en qualifier le résultat, l'usage s'est répandu de parler d'*îlot de chaleur.* Pourtant, vu l'extension du phénomène, la métaphore est inadéquate. Mieux vaudrait « île », et même « archipel » dans le cas des conurbations et mégalopoles ! En revanche, l'autre formulation : *dôme de chaleur,* se référant à la seule configuration géométrique, ne pose pas de problème d'échelle.

Fig. 53 – **Le dôme de chaleur parisien selon les types de temps**

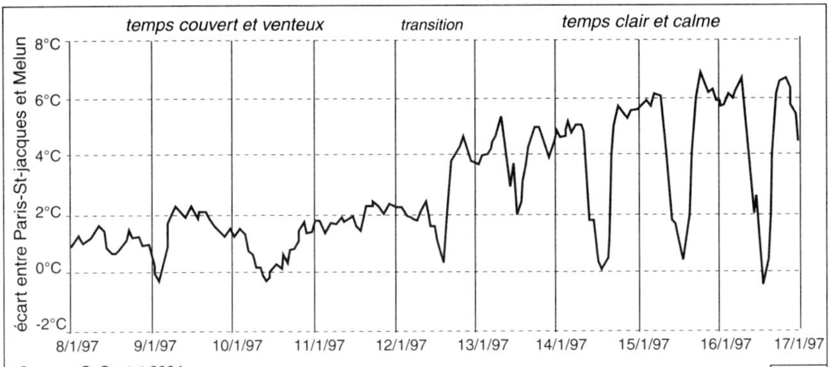

Source : O. Cantat 2004

Ce dôme, coiffant l'organisme urbain et ne dépassant pas la couche de mélange, constitue une structure non permanente et variable : variable dans sa forme car changeant avec l'orientation des flux qui le décalent vers l'aval ; variable en intensité selon la stratification aérologique : la puissance maximale est atteinte par situation anticyclonique calme. Dans les pays développés des latitudes moyennes et supratropicales, la surchauffe est spécialement marquée sur les températures minimales hivernales lorsque tous les facteurs se conjuguent. Ainsi, le nombre de jours de gelée à Paris s'est réduit de 56 par an entre 1901 et 1910, à 22 par an de 1971 à 1980 ; ainsi depuis 50 ans, la moyenne de janvier à Tokyo s'est élevée de 2 °C. Mais ces latitudes n'ont pas l'exclusivité des écarts momentanés excédant 10 °C ; ils ont aussi été mesurés dans les plus grandes concentrations urbaines de la ZIT : Mexico, Sao Paulo, Bombay…

Avec des températures plus élevées, les possibilités de saturation de la masse d'air se réduisent. Conséquence significative, le nombre de jours de brouillard a sérieusement diminué dans les grandes villes ; ainsi à Lyon, il est passé de 60 par an dans les années 1940 à 30 par an dans les années 1990.

Il est plus délicat de cerner l'effet sur la pluviométrie parce que la distribution spatiale des chutes est, par nature, très inégale et qu'il n'y a guère de possibilité d'expérimentation. La rugosité plus forte et la convection activée dans le dôme constituent des facteurs propres à accroître l'ascendance, mais insuffisants pour déclencher les précipitations à eux seuls. De fait, les villes de la ZT ne paraissent pas plus touchées que leur périphérie en saison froide. Au contraire, en été, les cellules instables orageuses, qu'elles soient ou non liées à des systèmes perturbés, semblent plus productives (**figure 54**). Au-dessus des grandes cités, les plus fortes averses tombent plutôt à l'aval : ainsi sur le nord-est de Paris et dans la banlieue voisine, lors des orages arrivant du sud-ouest.

Fig. 54 – **L'effet urbain sur les précipitations**

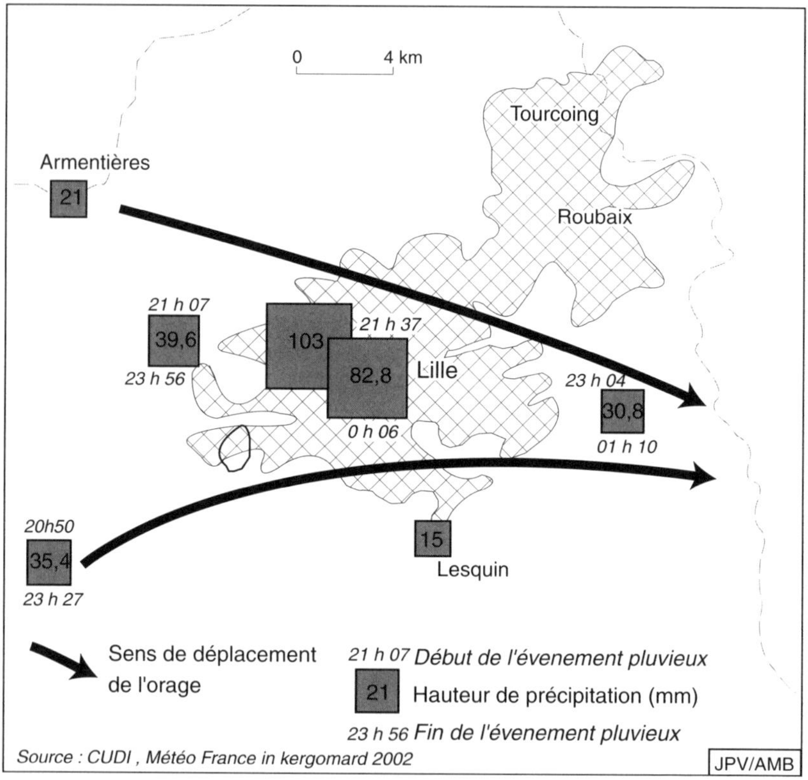

La pollution atmosphérique

L'air mêle de nombreux gaz et transporte des masses d'aérosols liquides et solides (voir chapitre 1). Parmi ces composants, certains sont considérés comme une pollution, c'est-à-dire une nuisance, parce que leur concentration, leur combinaison, peuvent constituer un danger pour l'homme et son environnement. Or, une part notable de ces polluants est produite par les sociétés elles-mêmes.

Diversité

Certains textes législatifs (loi sur l'air de 1996) limitent la pollution atmosphérique à l'introduction par l'homme de substances polluantes. En réalité, bien des souillures qui encombrent l'air sont naturelles. Simplement, l'essor économique a modifié sensiblement, et modifie encore, les proportions. Aux particules et poussières prélevées dans les déserts, expulsées par les éruptions, larguées par les végétaux, s'ajoutent celles que produisent agriculture, industrie, construction, chauffage, transports…

Nombre de gaz ont la même double origine. Les composés soufrés, tel le SO_2 (dioxyde de soufre), proviennent des volcans, des sols, du phytoplancton… ; les composés carbonatés, tels le CO et le CO_2 (monoxyde et dioxyde de carbone), sont issus de la respiration des êtres vivants et des incendies… ; les composés azotés, tels les NO_x (oxydes d'azote) résultent de l'activité orageuse et des processus de dénitrification… Mais ces trois ensembles de composés sont également émis par tous les processus de transformation industrielle et tous les secteurs d'activité, sans exception, de la production d'énergie jusqu'à l'épandage des engrais. Selon les polluants, la part anthropique est modeste ou capitale ; mais globalement, l'utilisation des combustibles fossiles y tient une place déterminante. Elle tend d'ailleurs à en accroître le nombre : par exemple, extraction, traitement et combustion des hydrocarbures contribuent, non seulement à faire croître les taux de SO_2, CO_2 et NO_x, mais aussi à répandre des composés organiques volatils (COV) et des métaux (plomb).

Le tableau se complique de ce que ces *polluants primaires* ont des temps de résidence dans l'atmosphère inégaux et de ce que certains s'y transforment en *polluants secondaires.* Ainsi, NO_2 et SO_2 donnent les acides nitrique et sulfurique.

Fig. 55 – **Épisode de pollution à l'ozone, le 8 août 2003**

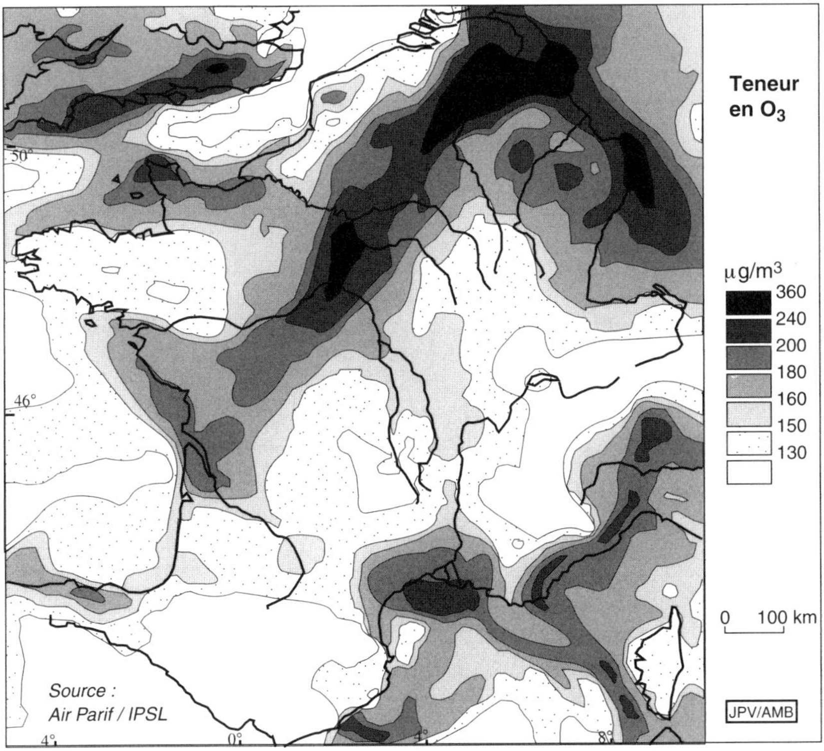

La pollution évolue avec le niveau technologique. Du temps où régnait le charbon, la pollution était surtout *acido-particulaire,* d'origine soufrée, responsable du *smog* ce brouillard mélangé de fumées et porteur de particules toxiques. Avec l'avènement des hydrocarbures, est apparue la pollution dite *photochimique* car nécessitant l'intervention de la lumière solaire. En présence de COV, émis par les véhicules, les NOx, qui proviennent de la même source, sont « cassés » par la radiation UV, avec pour conséquence une production d'ozone, particulièrement abondante lors des situations anticycloniques. Cet O_3 constitue un polluant secondaire agressif pour les voies respiratoires. Ainsi est apparu un pseudo-brouillard dit *photo-oxydant* qui a d'abord caractérisé les grandes métropoles (et en premier Los Angeles), et qui concerne désormais de vastes territoires (**figure 55**).

Dynamique

Rejeter des polluants dans l'atmosphère, c'est les abandonner aux jeux des mécanismes aérologiques : effets de la stabilité-instabilité et flux contre lesquels aucune parade n'existe. Les *émissions* sont les unes localisées, les autres généralisées. Le rejet est ponctuel dans le cas d'une usine. Afin de ménager les alentours immédiats, on cherche à l'éloigner du sol au moyen de cheminées de grande hauteur (100 m et plus). Précaution illusoire car sauf effet radiatif en très basse couche (aux heures les plus fraîches), les inversions bloquant l'ascendance se situent à un niveau plus élevé. Et, dans le cas des grands centres industriels, les points d'émission sont multiples. Surtout ce mode de pollution a perdu beaucoup de son importance vis-à-vis des rejets diffus, multipliés sur les agglomérations, et des rejets par des sources mobiles (véhicules).

Jusqu'à une date récente, on considérait que les concentrations urbaines étaient les secteurs les plus touchés. De fait, le dôme de chaleur peut constituer un réservoir de pollution : la convection diurne la brasse un peu, la stabilisation nocturne la ramène, concentrée, vers le bas. De surcroît, la brise de campagne peut l'accumuler vers le centre. Les situations les plus fâcheuses correspondent aux sites encaissés propres à limiter l'évacuation des rejets, ainsi à Saint-Étienne, à Liège… Les positions littorales, un temps jugées propices à une bonne ventilation, ne sont guère avantageuses. Sauf par circulation vigoureuse, l'alternance des brises provoque un mouvement de flux et reflux de l'air pollué, avec une concentration particulière le long du front de brise. Le processus est fréquent tant sur les rivages (Dunkerque, Fos – l'étang de Berre) que sur le bord de grands lacs (Chicago). Quand le flux est bien organisé, il entraîne les polluants dans sa trajectoire, sous forme de *panaches.* Il les redistribue à quelques kilomètres, mais aussi à des centaines ou milliers de kilomètres. Les aérosols solides, par le jeu de la pesanteur ou incorporés aux précipitations, retombent sur le substrat. De même les aérosols liquides, comme les dérivés de SO_2 et NO_2 qui rendent les *pluies acides.* Ces dernières ont alarmé l'Europe dans les années 1970-1980 lorsque la politique industrielle du centre-est du continent, fondée sur houille et lignite, rejetait à tout va. Mais la géographie de la pollution est mouvante ; pour le moment, c'est en Asie du Sud-Est que le développement, très vif, tend à généraliser la péjoration de l'atmosphère. Quant à la nouvelle pollution photo-oxydante, la circulation atmosphérique en fait désormais profiter les espaces ruraux, autant ou plus que les métropoles (figure 55).

Danger

Malgré la substitution partielle de certains polluants à d'autres, leur accumulation dans l'atmosphère progresse globalement – on parle d'un *bruit de fond* croissant –, ce qui n'est pas pour améliorer l'ambiance dans laquelle nous vivons. En la matière, les inquiétudes sont anciennes (XIXe siècle). Elles n'ont pu déboucher sur des actes qu'après la mise au point de mesures et de normes. De multiples accidents sanitaires ont fait avancer la lutte, tel le grand épisode londonien de *smog* de décembre 1952 : 48 heures à visibilité inférieure à 10 m et quelque 12 000 victimes. C'est d'abord pour s'attaquer à cette pollution acido-particulaire que les pays anglo-saxons promulguèrent des *Clean Air Acts*. L'Organisation mondiale de la santé proposa des limites à ne pas dépasser. L'Europe emboîta le pas ; les normes qu'elle a édictées ont été transcrites dans les législations nationales. En France le système repose sur des réseaux, désormais étoffés, de diverses origines, mais chapeautés par les DRIRE (Directions régionales de la recherche, de l'industrie et de l'environnement).

Pour chaque polluant, il existe une série de seuils :

– niveau 1, dit « objectif de qualité », calculé en nombre de jours n'excédant pas un certain taux : par exemple 110µg/m^3 pour l'ozone ;

– niveau 2, dit « d'information », mesuré sur une heure, fixé à 180µg/m^3 pour l'O_3, 200µg pour le NO_2 et 300 µg pour le SO_2 ;

– niveau 3, dit « d'alerte », pour la même durée et fixé respectivement à : 360, 400 et 600µg.

Le franchissement des seuils entraîne (en théorie) la réduction des émissions des usines, celle de la vitesse des véhicules automobiles, voire la limitation de la circulation (un cas, à Paris, le 1er octobre 1997). La fréquence de ces procédures est fonction :

– de la stabilité verticale de l'air. En 2003, presque tous les records ont été battus en France du fait de la persistance anticyclonique et de la chaleur résultante ;

– des types d'émissions. Dans le secteur de Fos-Berre, leur nombre tient à ce que les dépassements en O_3 augmentent, sans que, en compensation, ceux en SO_2 diminuent, pour la simple raison que l'on y raffine aujourd'hui des pétroles plus chargés en soufre.

L'ampleur des menaces que la pollution fait peser sur la santé a fait entrer le climat dans le domaine de l'épidémiologie. Mais, la péjoration de l'ambiance va bien au-delà, puisque l'atmosphère peut aussi subir des contaminations radioactives ; puisque les modifications anthropiques de sa composition constituent un élément-clef du grand débat sur l'évolution climatique.

SYNTHÈSE

Les ambiances climatiques ne commandent pas seules l'occupation de la terre ; d'ailleurs la mondialisation tend à réduire leur prise en compte. Pourtant, elles jouent un rôle notable en matière de confort et surtout de santé. Les temps forts diffèrent selon les zones, mais les touchent toutes. Leurs impacts variés se compliquent souvent d'effets secondaires. Toutefois, la production des catastrophes dépend en premier lieu de la vulnérabilité des sociétés. Aujourd'hui, le climat urbain est devenu un faciès essentiel. La grande ville altère sensiblement dynamique de l'air et ambiance perçue. L'accumulation des polluants, naguère liée à la ville et maintenant généralisée, brouille également les ambiances et nuit à la santé. Les efforts réglementaires ont eu beau réduire certaines formes de pollution, la société ne cesse d'en développer de nouvelles. Ces risques et nuisances, bien réels, ont pour le moment bien plus d'importance que les risques virtuels liés à l'évolution possible du climat.

Pour en savoir plus

J.-P. BESANCENOT, *Climat et santé*, Paris, PUF, 2001, 128 p.	Le point, particulièrement clair, sur une question d'importance.
W. DAB, I. ROUSSEL, *L'air et la ville*, Paris, Hachette, 2001, 219 p.	De lecture aisée, car vulgarisation, mais par des spécialistes.
G. ESCOURROU, *Le climat et la ville*, Paris, Nathan, 1991, 192 p.	A ouvert la voie à l'étude de la spécificité climatique des espaces urbanisés.
D. LAMARRE, P. PAGNEY, *Climats et Sociétés*, Paris, A. Colin, 1999, 272 p.	Une synthèse globale sur les rapports hommes-climat.
P. PAGNEY, *Les catastrophes climatiques*, Paris, PUF, 1994, 128 p.	Un large panorama, riche d'exemples.

9

LES CHANGEMENTS CLIMATIQUES

En matière de climat, comme en beaucoup d'autres, les sociétés prisent peu le changement. Or, loin de constituer une donnée stable, le système climatique ignore la fixité, ce que montrent, de façon évidente, les aléas du temps quotidien et, de façon moins perceptible, les variations à toutes les échelles de temps.

L'impossible fixité (page 114)

Toute géographie des climats se fonde largement sur les moyennes (des situations et des éléments mesurés) qui ne sont pourtant qu'une commodité didactique caricaturant la réalité. La variabilité du temps, qui est l'essence même du climat, ne constitue pas une forme de changement. Celui-ci regroupe plusieurs modalités définies par la durée et l'importance de la variation.

L'histoire des variations (page 115)

La connaissance du passé climatique est une fonction inverse de son ancienneté. Son histoire est éclairée par des méthodes variées, de plus en plus précises à mesure qu'on se rapproche de l'actuel et que l'on passe des mutations aux fluctuations, aux oscillations et aux pulsations. L'explication des variations reste néanmoins incertaine, même pour les périodes proches, voire la nôtre !

Un équilibre fragile (page 123)

Les changements incessants tiennent à la sensibilité du système climatique à de multiples faits extérieurs à l'atmosphère et à la terre ; une sensibilité que ne font qu'amortir les facteurs de régulation du système, eux aussi en majorité non atmosphériques.

L'impossible fixité

Toute description du climat constitue une image artificiellement figée. Elle donne à un instantané une valeur que l'on pourrait croire durable et qui, en vérité, ne l'est guère, même pas à l'échelle de la vie humaine.

La stationnarité du climat : un mythe nécessaire

Faire comme si les caractéristiques et le fonctionnement d'un climat étaient permanents relève d'abord d'une nécessité pédagogique. Le pari d'une certaine constance, ou stationnarité, rend l'analyse plus efficace et les découpages plus parlants. Comment s'en passer quand le climat sert de fondement à une approche du milieu « naturel » ou de l'environnement des sociétés ? Sa traduction concrète réside dans l'emploi généralisé des moyennes qui constituent des repères clairs, mais au prix d'une forte simplification. Il en est ainsi de toutes les valeurs thermiques ou pluviométriques utilisées aux chapitres 5, 6, 7. De même, les mécanismes aérologiques n'ont pas une distribution parfaitement régulière. Par exemple, les positions extrêmes cartographiées de l'EM ne constituent qu'une indication. Ou encore, dire que les ouragans ne frappent pas la côte brésilienne n'empêche pas que cela se produise de façon rarissime (en 2003). D'ailleurs, pour avoir quelque signification, une moyenne doit couvrir une assez longue période. L'OMM (Organisation météorologique mondiale) recommande qu'elle porte sur 30 ans ; on parle alors de *normale.* Mais il serait illusoire d'espérer que les normales 1971-2000 coïncident avec celles de 1941-1970...

La variabilité du temps : une réalité intrinsèque

Appliquée au temps, la notion de *variabilité* est plus subtile qu'il y paraît :

– elle ne fait nullement référence à la différenciation saisonnière qu'implique le renversement énergétique annuel entre les deux hémisphères ;

– elle ne peut davantage être assimilée à l'étendue de la gamme des temps ressentis qui résulte du caractère discontinu des échanges entre hautes et basses latitudes ;

– elle correspond, précisément, à l'irrégulière occurrence des diverses structures aérologiques et donc des divers types de temps à un moment donné de l'année. Elle découle, en quelque sorte, du constant renouvellement du *film climatique* qui fait, par exemple, qu'il y a des étés pourris, des étés caniculaires, des étés intermédiaires aux modalités innombrables, et cela selon une succession apparemment aléatoire.

Cette variabilité se justifie par la complexité de la machine dont on peut énumérer quelques facettes :

– les transferts de masses d'air s'opèrent à des moments pratiquement imprévisibles et selon des trajectoires diversifiées ;

– la modification des bilans est permanente, car contrôlée par les états du ciel et du substrat. Le réajustement des équilibres est donc incessant à toutes les échelles ;

– la conjugaison des jeux de l'atmosphère et de l'océan ne se reproduit jamais à l'identique, justement parce que prenant la forme d'une rétroaction ;

– la complexité de la dynamique aérologique fait que, selon les cas, tel processus, petit ou grand, est magnifié ou annihilé. Ainsi, selon qu'il y a ou non synergie entre couches basses et élevées, une structure est pluviogène ou ne l'est pas ; un flux est tempête ou zéphyr.

Finalement, la variabilité, loin d'être accidentelle, est constitutive du climat ; mais, elle ne correspond, en aucune façon, à une forme de changement.

Les temporalités climatiques

Sur le court terme, le changement est d'abord une affaire de perception. Or, vu la médiocre fiabilité de la mémoire, il convient de se méfier d'impressions subjectives. On ne peut affirmer le changement que si l'analyse statistique dégage une tendance nette et durable. Sur le moyen terme (l'histoire), les changements se sont traduits par des inflexions sensibles de l'occupation de l'espace dans lesquelles interfèrent aussi faits économiques et politiques. Sur le long terme (avant l'apparition de l'homme), les changements ont coïncidé avec des modifications plus ou moins profondes du système terre.

Une hiérarchisation efficiente des types de variations (terme générique) doit prendre en compte à la fois la durée et l'ampleur des processus. On distinguera donc :

– les *pulsations* qui durent de quelques années à quelques décennies. Parfaitement réversibles, elles donnent une tonalité à l'ambiance : séries d'années arrosées, de sécheresses profondes…, et constituent le premier degré du changement ;

– les *oscillations* qui durent de quelques siècles à quelques millénaires. De telles phases possèdent un style particulier aux plans des températures (quelques degrés en plus ou en moins) et de la pluviométrie (abondance, régime…), avant que ne revienne un style antérieur. Le Petit Âge Glaciaire peut servir d'illustration ;

– les *fluctuations* qui s'étalent sur des dizaines, des centaines de milliers d'années. Elles présentent une évolution cyclique très contrastée, comme ce fut le cas au Quaternaire ;

– les *mutations* qui ont occupé des millions, dizaines ou centaines de millions d'années. Elles ont bouleversé la face de la terre, porteuses de conséquences irréversibles.

Loin de s'exclure, ces variations d'échelles temporelles différentes se combinent. Par exemple, on a reconnu des sautes brutales et brèves au cours d'évolutions de longue durée : les carottages dans les inlandsis suggèrent une forte irrégularité de détail au cours des grandes alternances du glaciaire à l'interglaciaire (ou l'inverse). Autre exemple, les modifications actuellement repérées ou annoncées sont sans doute (ou peut-être) mineures face au retour du grand froid… à une échéance certes lointaine.

L'histoire des variations

La reconstitution de l'évolution climatique est loin d'être achevée. Surtout, sa précision décroît à mesure que l'on remonte dans le passé, ne serait-ce que parce que les méthodes sont de nature différente en fonction de l'éloignement dans le temps. Avancer des périodes les plus anciennes aux plus récentes, c'est passer du repérage de variations grossières à celui de variations fines. Cette méconnaissance contraint à un découpage en phases de durées très inégales. Pour chacune, on fera le point sur ce que l'on sait, sur les types d'investigation utilisables, sur les causes possibles des transformations.

Des origines à la fin du Tertiaire

Pour ces quelque 4,6 milliards d'années, seules des mutations sont repérables (**figure 56**). Au début, pendant 1,6 milliard d'années, le sens même de l'évolution est inconnu. De –3 milliards à la fin du Précambrien, la courbe dessine sommairement une alternance de périodes chaudes et glaciaires. Le tracé attribué au Primaire le situe au-dessus de la température actuelle, à l'exception de deux longues phases froides. Le Secondaire apparaît globalement chaud à très chaud, avec quelques inflexions. Le Tertiaire correspond à un refroidissement tendant vers une ambiance proche de la nôtre. On voit l'analyse s'y faire progressivement plus fine, et des irrégularités devenir perceptibles.

Fig. 56 – **Les mutations climatiques au cours des ères géologiques**

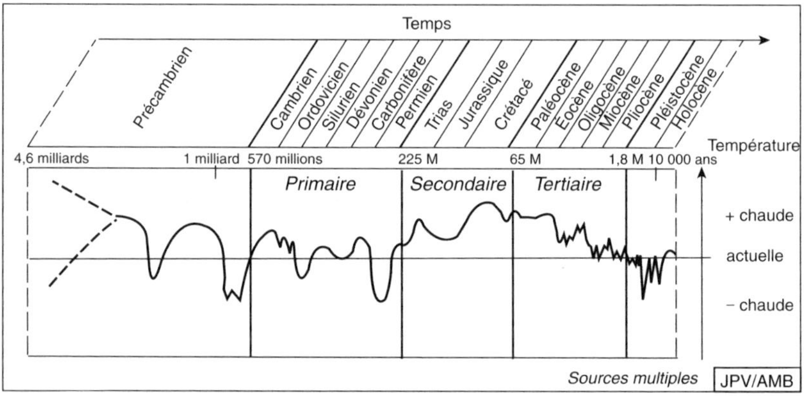

Ce sont essentiellement des approches géologiques qui ont permis de formuler ces hypothèses. Des formes héritées témoignent des systèmes morphogéniques passés : marques d'érosion glaciaire, surfaces d'aplanissement résultant de la succession de phases humides et sèches en milieu chaud… Les sédiments trahissent l'ambiance régnant lors de leur dépôt : chaleur sèche pour les grès rouges, aridité pour le sel et le gypse… Les fossiles végétaux et animaux complètent le tableau : forêts luxuriantes du Carbonifère, coraux proliférant au Secondaire dans des eaux chaudes étendues…

Deux grandes catégories de causes sont invoquées :

– d'une part, les changements de composition de l'atmosphère. Elles ont conduit à une réduction progressive de la teneur en CO_2, le carbone étant mobilisé en ces grandes masses qui constituent aujourd'hui les réserves de combustibles, ou participant à l'accumulation des sédiments carbonatés (tels les calcaires). Parallèlement, la teneur en oxygène a augmenté du fait du développement de la vie dans les océans puis sur les continents : valant 1 % de la teneur actuelle vers –1,2 milliard, elle est passée à 10 % vers –0,6 milliard, pour atteindre 100 % vers –400 millions ;

– d'autre part, la dynamique liée à la tectonique des plaques. Elle a animé un incessant ballet bouleversant la latitude des continents et la forme des océans. Selon que les premiers étaient rassemblés ou dispersés, selon qu'ils occupaient des positions équatoriales ou polaires, les bilans radiatifs et thermiques changeaient, tout comme la circulation océanique et donc tout le système des transferts. Par exemple, la fin du Tertiaire, amenant l'Antarctique au pôle sud et faisant approcher Amérique et Eurasie de l'Arctique, a rendu possibles de très forts contrastes ainsi que le retour des glaciations.

Durant le Quaternaire

De cette ère, dont le commencement est encore situé de façon imprécise (autour de 2 millions d'années), on analysera d'abord le Pléistocène, c'est-à-dire toute la période antérieure à 20 000 BP (BP = *before present*, le présent ayant été fixé à 1950), date de culmination de la dernière glaciation appelée Würm en Europe occidentale, Weischel en Europe du Nord, Wisconsin en Amérique du Nord… Il se caractérise avant tout par une succession de fluctuations grandioses : glaciations-déglaciations, auxquelles se superposent d'ailleurs des variations de moindres ampleur et durée. Le nombre exact de cycles reste discuté ; mais leur fonctionnement est clairement repéré. Il ramène à une situation grosso modo analogue, au bout de quelque 100 000 ans. Il consiste en l'alternance de deux phases de durée inégale :

– une longue phase *glaciaire* pendant laquelle le refroidissement, certes entrecoupé de réchauffements de moins en moins marqués, nommés *interstades,* se traduit par une croissance des inlandsis antarctique et groenlandais, par la mise en place et l'extension d'inlandsis continentaux sur Amérique et Eurasie du Nord, ainsi que par un abaissement du niveau océanique de l'ordre de 100 m (régression), lié à la réduction du stock disponible d'eau liquide ;

– une courte phase *interglaciaire* où le réchauffement brutal (quoique irrégulier) remobilise beaucoup d'eau, réduisant un peu les calottes polaires, faisant disparaître les inlandsis de plus basse latitude, et détermine la remontée du niveau océanique (transgression).

Ces alternances ont d'abord été suggérées (fin XIXe-début XXe siècles) par leurs héritages morphologiques (terrasses étagées, vallums, surcreusements…). Le piémont des Alpes bavaroises a ainsi servi de premier laboratoire pour la reconnaissance des poussées glaciaires successives, aux traces de plus en plus ténues à mesure qu'elles sont plus anciennes. D'où la liste de plus en plus problématique en remontant le temps : Würm, Riss, Mindel, Günz (?), Donau (??), etc. Leur réalité a été étayée ensuite (années 1950) par l'analyse des isotopes de l'oxygène contenus dans les sédiments océaniques d'origine animale (coquillages tels les foraminifères). Selon la température de l'eau, et donc le niveau thermique, la part varie de ^{18}O et ^{16}O. Les variations de teneur ont permis une reconstitution chronologique que viennent caler les renversements du champ magnétique terrestre qui ont joué sur les dépôts éruptifs interstratifiés. Plus tard (à partir de 1980), c'est l'étude des « carottes » prélevées au centre, très peu mobile, des inlandsis qui a utilisé la même méthode isotopique. Elle y ajoute l'analyse de la composition atmosphérique à partir des bulles d'air emprisonnées, ce qui met en évidence la variation de taux des gaz à effet de serre. À mesure que l'on creusait plus profondément, on a pu reconstituer les derniers cycles. À Vostok, une épaisseur de 3 600 m de glace a permis d'en lire quatre, sur 420 000 ans (**figure 57**). D'autres sites de la calotte antarctique permettront de remonter un peu plus loin dans le temps ; mais il faudra d'autres méthodes pour cerner les cycles antérieurs.

Fig. 57 – **Les fluctuations des 400 000 dernières années du Quaternaire**

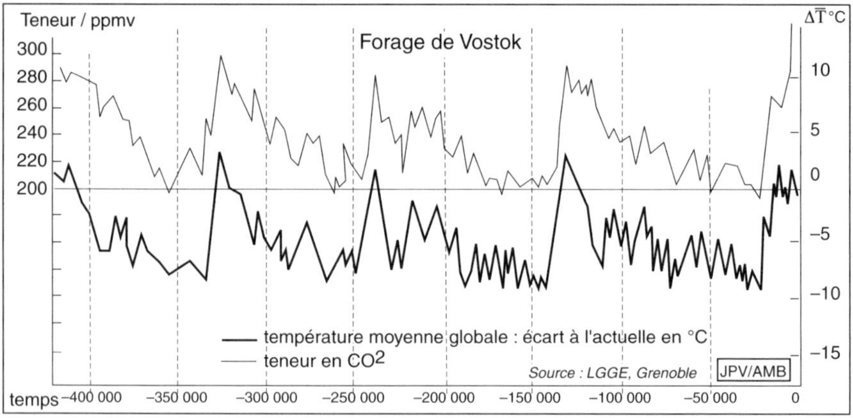

La cause principale de ces alternances a été mise en lumière par M. Milankovitch dans les années 1920 ; elle est d'origine astronomique. Le mouvement général de la planète autour du soleil modifie les conditions d'exposition et les bilans selon divers pas de temps. Trois phénomènes jouent concurremment (**figure 58**) :

– la déformation de l'orbite. Son excentricité varie, étirant l'ellipse ou la rapprochant du cercle selon un rythme qui ramène à une même situation au bout de 100 000 ans ;

– le changement de l'inclinaison de l'axe des pôles. Actuellement de 23° 27', elle varie entre 22° et 25 ° ce qui déplace d'autant les cercles polaires et modifie les transferts énergétiques. La même inclinaison se retrouve au bout de 40 000 ans ;

– la précession des équinoxes qui répond à un rythme de 20 000 ans. Actuellement c'est en hiver boréal que la Terre est au plus près du soleil (les contrastes dans l'hémisphère nord en sont atténués). Il y a 10 000 ans c'était en été boréal : les contrastes en étaient accrus dans ce même hémisphère.

Ces périodicités, et spécialement la première, s'ajustent bien à celles des fluctuations. Une fois le refroidissement (ou le réchauffement) enclenché, une rétroaction positive fait s'accroître (ou décroître) l'inlandsis et le froid.

Fig. 58 – **Les causes astronomiques des fluctuations selon Milankovitch**

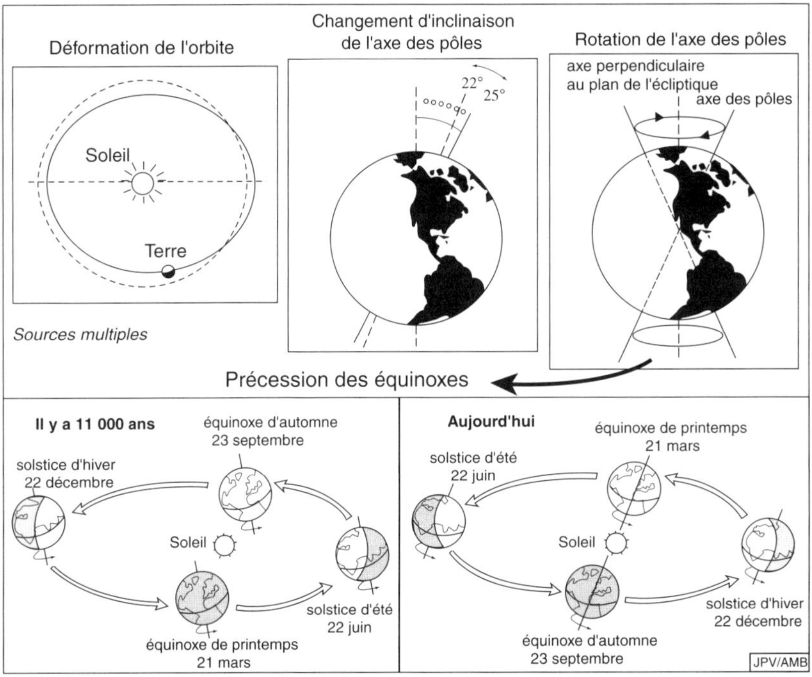

Au cours de l'Holocène

L'*Holocène,* c'est-à-dire le Quaternaire après le froid würmien (surtout à partir de 10 000 BP), correspond au réchauffement « rapide » amenant à l'interglaciaire actuel. La proximité de cette période nous permet d'en suivre les oscillations marquées, avec une relative précision. La **figure 59** situe sur l'axe du temps et nomme les avancées du chaud et les retours offensifs du froid qui perdent de leur ampleur à partir de 6 000 BP (soit – 4 000 av. J.-C.). La phase dite « Atlantique », qui s'est placée autour de 8 000 BP, en a constitué le moment le plus chaud, plus que l'actuel, en dépit d'une moindre teneur en gaz à effet de serre. Lors de cet *optimum climatique,* les domaines tempérés de l'hémisphère nord étaient plus doux, le Sahara non dépourvu d'eau...

La palynologie qui est l'étude des pollens, recueillis surtout dans les tourbières, permet de reconstituer les flores et les formations végétales passées et donc de restituer les ambiances *paléoclimatiques.* Certes, elle est également utilisée, avec la paléobotanique, pour des temps plus reculés. Mais, c'est pour cette période qu'elle présente sa résolution la plus fine. Elle est appuyée par la datation au carbone 14 (^{14}C), mesurant la radioactivité résiduelle des vestiges organiques (et valable pour les 40 000 dernières années), qui sert à établir une chronologie absolue, avec une fourchette d'incertitude restreinte.

Fig. 59 – **Grandes oscillations holocènes et petites oscillations historiques**

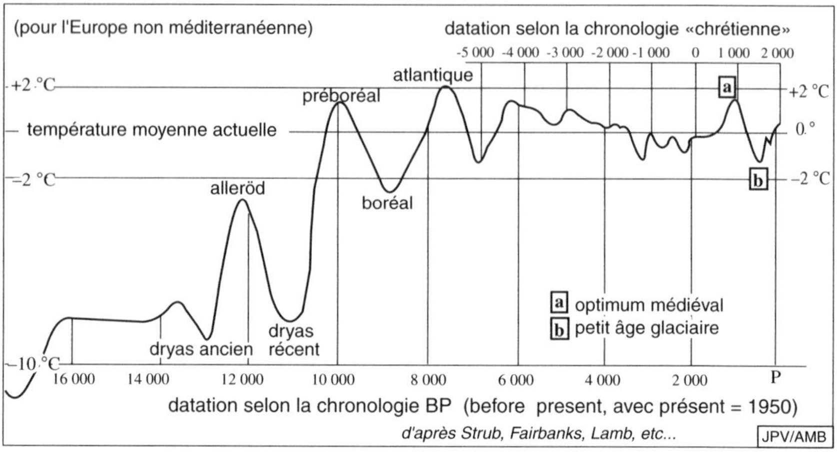

Ces oscillations résultent probablement d'ajustements successifs du système, induits dans ce cas par le jeu de l'océan et de la *cryosphère* (l'eau solide) qui, du fait de leur inertie, imposent des temporalités bien différentes de celles de l'atmosphère. Ces deux composantes interfèrent dans les modifications de la *circulation thermohaline* : aux latitudes élevées, les eaux les plus denses, parce que froides et salées, « plongent » en profondeur, avant d'entreprendre un parcours très long en distance et en durée. Elles sont « convoyées » jusqu'au centre des océans Indien et Pacifique. À ce transport de fond répond un retour en surface qui, pour l'Atlantique, se termine par le Gulf Stream et la DNA (**figure 60**). Si la plongée arctique s'affaiblit ou se déplace vers le sud, les courants chauds perdent leur vigueur si bien que l'Atlantique nord et ses continents bordiers en sont refroidis…, à ceci près que la réponse climatique se trouve différée d'un ou plusieurs siècles :

– par exemple, le net refroidissement reconnu autour de 11 000 BP (nommé Dryas récent) est présenté comme la conséquence de la fusion de l'inlandsis américain. L'eau douce libérée était si abondante qu'elle a bloqué plongée et circulation thermohaline. Un tel enchaînement constitue une rétroaction négative puisque le réchauffement général a entraîné, pour un millier d'années, le retour du froid sur l'Europe ;

– de façon plus générale, on a étendu l'explication aux irrégularités secondaires inscrites à l'intérieur des fluctuations quaternaires (figure 50), les à-coups résultant d'énormes « débâcles » périodiques récurrentes.

Au fil de l'Histoire

Après l'optimum de l'Atlantique, on note un progressif rafraîchissement, toutefois agrémenté d'oscillations d'ampleur amortie (figure 59), les phases les plus fraîches ayant sans doute contribué à pousser certains peuples à entreprendre de vastes migrations. L'Antiquité gréco-latine classique sem-

Fig. 60 – **L'état actuel de la grande circulation thermohaline**

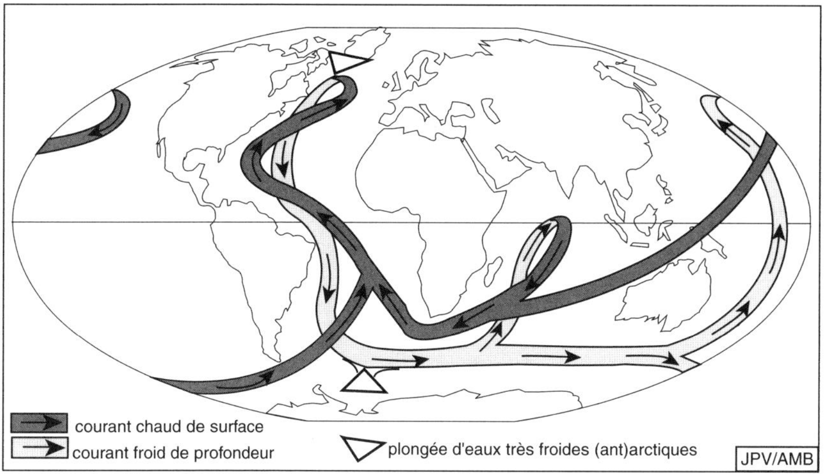

ble avoir connu une ambiance moins douce que l'actuelle. La clémence qui bénéficia un temps à l'Empire romain avait disparu au moment des grandes invasions et au haut Moyen-Âge. La reconstitution devient plus précise à partir du IXe siècle. Le grand essor européen de l'an mil a été soutenu par des conditions très adoucies (températures supérieures aux actuelles, mais avec un écart difficile à estimer). C'est aussi le moment où les Vikings purent « s'installer » au sud du Groenland. Un peu amoindrie au XIIe siècle, la douceur caractérisa encore le XIIIe siècle. Le XIVe siècle montre les prémices d'une détérioration de l'ambiance qui a conduit à une assez longue période froide : le *petit âge glaciaire* (PAG) dont l'amorce se place au XVe siècle et le terme à la fin du XIXe siècle. Plus rude et plus arrosé que l'actuel, il a vu les glaciers alpins descendre dans les vallées et la banquise s'étendre dans l'Atlantique nord. Dans le détail, son déroulement fut irrégulier. La **figure 61**, valable pour la seule Europe, montre le grand froid de la fin du règne de Louis XIV (surtout avant 1700) et la prédominance de la fraîcheur au XIXe siècle. Elle suggère également un certain nombre de pulsations internes à cette phase, comme ce bref redoux (plus chaud que l'actuel ?) vers 1730.

Pour ces périodes proches, l'éventail des méthodes s'élargit considérablement. Parmi les approches physiques, figure la dendrochronologie. Fondée sur l'analyse des cercles annuels de croissance des arbres, elle en dégage des types d'ambiance grossiers mais datables avec précision. S'y ajoutent des témoignages historiques de tous ordres, soit des écrits : mémoires privés ou documents officiels consignant des temps forts, recueils de dates de récoltes, cours des denrées..., soit des images : tableaux ou gravures présentant l'état des milieux (ainsi les glaciers alpins). Enfin, sont apparues les mesures météorologiques : sporadiques à partir du XVIIe siècle, médiocrement significatives au XVIIIe siècle pour cause d'instruments hétéroclites, progressivement plus exploitables et plus répandues au XIXe siècle. Les premiers vrais réseaux

Fig. 61 – **Oscillations et pulsations, des premières mesures à nos jours, en Europe**

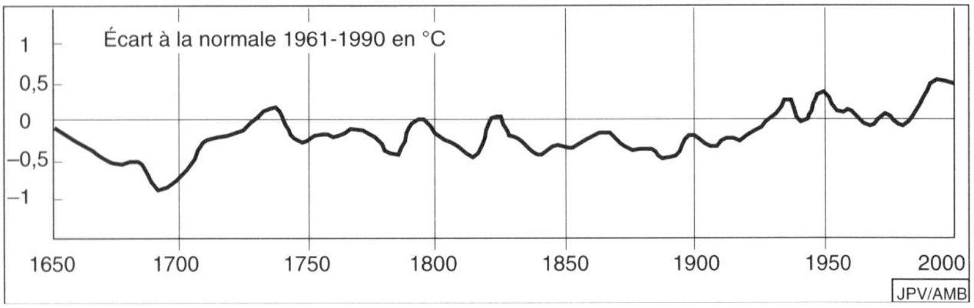

d'observation ont été mis en place après 1850, et l'ancêtre de l'OMM est né en 1873.

Paradoxalement, cette profusion ne permet pas d'avancer des explications incontestables pour les oscillations d'ampleur pluriséculaire. À en juger par les variations historiques connues d'étendue et d'épaisseur de la banquise, la meilleure justification réside sans doute dans les jeux de la circulation thermohaline. Pour les oscillations de plus faible ampleur et surtout les pulsations, on a invoqué les variations de l'activité solaire. À partir du XVIIe siècle, grâce à l'invention de la lunette astronomique, on a pu repérer des phases avec taches solaires nombreuses et d'autres avec taches rares. Ainsi le froid ressenti à la fin du règne de Louis XIV a coïncidé avec leur quasi-absence. Les données accumulées sur quatre siècles montrent que leur abondance correspond à une forte activité (fort flux de particules énergétiques, forte radiation UV) et inversement. Elles montrent aussi que ces variations sont organisées selon divers cycles dont le plus net a une période d'environ onze ans. Toutefois, même si l'on sait maintenant que la *constante solaire* n'est pas vraiment constante, les irrégularités de l'apport énergétique à la terre sont très réduites. D'autres facteurs, tels les effets du volcanisme, jouent sur des pas de temps plus courts.

Au XXe siècle

Les statistiques de l'OMM disent qu'en ce siècle la température moyenne du globe a gagné quelque 0,6 °C (**figure 62**). Lors des deux premières décennies, la courbe a conservé son allure du XIXe siècle ; mais ensuite, on sort du PAG puisque le réchauffement s'affirme jusqu'à la fin des années 1940. Un palier, voire un léger rafraîchissement, se produit, alors, qui se termine un peu avant 1980. Ensuite la hausse recommence, plus vive ; et la dernière décennie apparaît comme la plus chaude depuis, peut-être, l'an mil. La tendance a été perçue en France, portant davantage sur les minima (progression > 1 °C, surtout dans l'ouest), que sur les maxima (progression < 1 °C, surtout dans le sud). D'autres éléments ont également paru varier, telles les précipitations à la hausse aux latitudes moyennes de l'hémisphère Nord (mais guère en France), à la baisse en Afrique (Sahel)…

Fig. 62 – **Évolution de la température moyenne globale estimée (fin XIXe-XXe s.)**

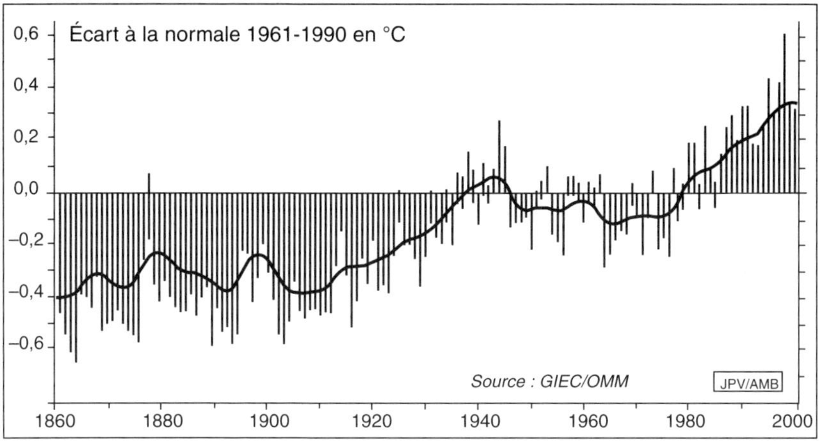

Les données, assez nombreuses au début du siècle, sont devenues surabondantes grâce aux mesures dans les stations et par satellites. Ces derniers pallient la pauvreté documentaire sur certains continents et sur les océans. La difficulté réside désormais dans leur critique et leur interprétation. Quant aux causes invoquées, elles ne manquent pas, qu'elles soient naturelles ou sociales. Le chapitre 10 les passera en revue.

Un équilibre fragile

L'analyse des variations fait apparaître le climat comme totalement dépendant de phénomènes extérieurs, ses manifestations constituant une simple réponse au jeu de sollicitations exogènes. Une telle constatation pourrait faire dire que le climat est fragile. Ce serait inexact. Ce qui est fragile, c'est l'équilibre qui le caractérise à un moment donné. En effet, il résulte d'un rapport de forces très complexe dont les rééquilibrages commandent les menues retouches, les réajustements notables, les grands basculements.

L'atmosphère n'est guère en mesure de se réguler ou se déréguler. Sa masse, relativement faible, et sa conductivité thermique, médiocre, font que son fonctionnement est dicté par le jeu radiation-substrats. Elle ne possède pas de mémoire : les météores sont vite produits et rapidement éliminés, les dynamiques tourbillonnaires ne se maintenant que pendant quelques jours. Le seul mécanisme régulateur proprement atmosphérique réside dans l'effet de serre dû à la présence, principalement, d'eau et, secondairement, de GES dont les teneurs ne sont, en rien, contrôlées par l'air lui-même. C'est l'hydrosphère qui apporte au système l'essentiel de son inertie :

– l'océan, apte à amortir les variations de composition gazeuse et seul apte à différer la redistribution de la chaleur sur des jours, des mois, des années, des siècles ;

– les inlandsis produits du froid et producteurs de froid, lentement construits par autocatalyse, difficiles à faire disparaître.

Un changement est initié par une nouvelle donne qu'elle soit planétaire (modification de la face géomorphologique de la terre ou modification radicale de la composition atmosphérique) ou qu'elle soit extraterrestre : modification de l'apport solaire. Il se produit effectivement quand les composantes non atmosphériques du système ne sont plus en mesure d'en occulter, d'abord, d'en minimiser, ensuite, les conséquences. Il faut donc penser la fragilité en terme de rupture d'équilibre. À partir de quel seuil de puissance les sollicitations externes amènent-elles les régulations non atmosphériques à jouer différemment et donc à bâtir un nouvel équilibre... provisoire ?

SYNTHÈSE

L'état du climat peut être décrit par des normales, à condition qu'on ne leur accorde qu'une valeur indicative. Elles ont l'inconvénient de gommer cette caractéristique essentielle qu'est la variabilité. En outre, leur validité est limitée dans le temps du fait des pulsations qui infléchissent les ambiances à l'échelle de la décennie. De façon plus générale, les changements climatiques, partie intégrante du fonctionnement naturel, sont repérables à tous les pas de temps. Les oscillations au cours des derniers siècles et millénaires, les fluctuations quaternaires, les mutations au cours des ères géologiques sont plus ou moins aisément repérables au moyen de méthodes variées relevant des sciences humaines et des sciences de la nature. L'histoire du climat consiste en une succession d'équilibres différents dictés à la fois par l'impact de facteurs extérieurs au système atmosphérique et par la réponse des régulateurs que sont les composantes non atmosphériques du système.

Pour en savoir plus

G. Beltrando, *Les climats*, Paris, A. Colin, 2004.	Des informations à jour sur les variations internes aux fluctuations climatiques.
A. Berger, *Le climat de la terre, un passé pour quel avenir ?* Bruxelles, De Bœck, 1992, 479 p.	Une étude exhaustive des variations climatiques.
A. Godard, M. Tabeaud, *Les climats : mécanismes, variabilité, répartition*, Paris, A. Colin, 3e éd., 2004, 217 p.	Un copieux chapitre sur l'histoire et l'explication des variations.
S. Jousseaume, *Climat d'hier à demain*, Paris, CNRS-CEA, 1993, 143 p.	Un curieux plan, mais beaucoup d'illustrations.

10

LE CLIMAT DE DEMAIN

S'interroger sur le climat futur aurait naguère paru étrange : la question ne se posait qu'à très long terme. Tout a changé avec l'éventualité, aujourd'hui agitée, d'un réchauffement rapide.

La montée de l'inquiétude (page 126)

Le XXe siècle a connu des changements perçus et mesurés ; il s'agissait de pulsations, et, le temps de trouver une explication, la tendance avait changé. Mais dans le troisième quart du siècle, l'hypothèse d'un forçage anthropique majeur a surgi, appuyée par l'essor de la modélisation, correspondant à l'émergence d'une nouvelle climatologie et soutenue par les médias.

Les enjeux du « forçage » (page 128)

Le réchauffement prédit ne représente qu'une facette du changement redouté. Mais c'en est une pièce clef et, par le biais des risques, il constitue un point sensible pour l'opinion. Aussi, les mouvements de défense de l'environnement ont-ils pu mobiliser le public et les politiques. La question est devenue un thème majeur des relations internationales.

Quel réchauffement ? (page 130)

La tendance officiellement reconnue recouvre beaucoup de disparités et n'entraîne pas totalement l'adhésion. Ses manifestations directes ou indirectes attendues ne correspondent que médiocrement avec les faits actuellement constatés. La sophistication croissante des modèles n'est pas toujours une garantie de fiabilité.

Une question ouverte (page 135)

Contrairement à ce que voudraient certains, le débat n'est pas clos. L'influence des sociétés est, en vérité, multiforme. Des facteurs physiques jouent sûrement, même si leurs causes restent confuses. La grande interrogation réside donc dans les formes présentes et à venir de l'interaction entre le naturel et l'anthropique.

La montée de l'inquiétude

La crainte d'un dérèglement du climat se lit dans nombre de textes anciens. En l'absence de mesures, les manifestations de la variabilité (temps forts) et les effets perçus des pulsations ont, jadis, suggéré de possibles changements à ceux qui les ressentaient. Cette préoccupation est toujours d'actualité, de plus en plus pourrait-on dire, puisque le débat qu'elle a suscité est allé croissant au cours de la seconde moitié du XXe siècle.

Pulsations et incertitudes

Partons donc du milieu du XXe siècle, peu après son premier maximum thermique (figure 62), pour faire une revue rapide des avis et pronostics successivement formulés :

– le réchauffement avait été clairement perçu, encore fallait-il l'expliquer. En 1957, le Français P. Pédelaborde en voit la cause dans un changement de style de la circulation. Mais à cette date, le recul lui manque pour saisir que l'on est déjà entré dans une phase plus fraîche ;

– dix ans plus tard, l'Allemand H. Flohn décrit ce rafraîchissement. Il ne s'en étonne pas, sachant que, depuis le Moyen Âge, la banquise arctique n'a cessé de varier en surface et en épaisseur de plus ou moins 20 %. Il signale, en outre, que ce retour du froid intervient en dépit d'une augmentation de la teneur de l'air en CO_2 ;

– en 1972, la conférence de Stockholm sur l'Environnement humain, qui crée le Programme des Nations unies pour l'environnement (PNUE), ne privilégie aucune hypothèse sur l'avenir du climat ;

– en 1975, l'Anglais H.H. Lamb, faisant le bilan du refroidissement très sensible en Arctique et en Amérique du Nord-Est, pense qu'il pourra se poursuivre encore quatre décennies. Il insiste toutefois sur le caractère divergent des évolutions (réchauffement en Europe, début de la « grande sécheresse » du Sahel...). Il ne pouvait deviner que les températures globales allaient repartir à la hausse (au moins officiellement) ;

– en 1979, l'OMM, le PNUE et le Conseil international des unions scientifiques organisent, à Genève, une conférence sur le climat qui, faute d'en saisir la tendance, crée le « Programme mondial de recherche sur le climat » chargé de l'analyser et de le surveiller.

Émergence et succès du forçage anthropique

Dans la première moitié du XIXe siècle, l'idée avait germé que les activités humaines pourraient modifier le climat. De la même époque, date la compréhension du mécanisme atmosphérique de l'effet de serre. À la fin de ce siècle, le Suédois S. Arrhenius a lié les deux choses. Ayant saisi le rôle climatique des GES, il a extrapolé l'effet théorique de l'augmentation de leur teneur dans l'air sur la température. Tant que cette dernière n'a pu être mesurée, l'idée est restée sans postérité. Mais, l'accroissement, mis en évidence peu avant la Seconde Guerre mondiale, a pu être suivi en permanence à partir de 1957.

À la fin des années 1970, sont apparues les premières modélisations cherchant à lier croissance de la teneur en GES et niveau thermique global. Fournissant des projections alarmantes, elles ont déclenché une mobilisation scientifique. La conviction s'est largement répandue que les activités humaines créent un effet de serre additionnel, s'ajoutant à l'effet naturel ; qu'elles soumettent le système climatique à une contrainte jouant sur le bilan radiatif, à un forçage qui accroît la chaleur retenue par l'atmosphère. En 1985, le congrès de l'OMM à Villach a conforté ces vues, lancé l'alerte climatique et demandé la création d'un organisme international.

En 1988, OMM et PNUE ont donc créé le GIEC (Groupement intergouvernemental sur l'évolution du climat), dit IPCC en anglais (*Intergovernmental Panel on Climate Change*), chargé de donner un avis « autorisé » en la matière. Dans les années qui ont suivi, les modèles climatiques ont bénéficié d'une sophistication accrue, permise par les progrès des calculateurs. En outre, les pronostics se sont enrichis d'une liste d'effets sur les autres composantes du système terre, confortant le thème du *changement global.* Le GIEC a produit des rapports successifs, ainsi en 1990, 1996, 2001..., rendant de plus en plus plausible l'impact de l'homme sur le climat, spécialement du fait de la combustion des énergies fossiles.

Une nouvelle climatologie

Les physiciens de l'atmosphère étaient les plus aptes à bâtir des modèles représentatifs du système climatique. Seuls, de très gros laboratoires pouvaient maîtriser toute la chaîne des opérations. Trouvant là un « créneau porteur », ils se sont bien gardés d'apaiser les inquiétudes, une ambiance alarmiste facilitant l'octroi des crédits indispensables pour financer leurs énormes besoins en informatique. Les météorologistes, qui disposaient déjà de modèles de circulation, ont emboîté le pas. Il leur est apparu plus aisé et plus gratifiant de prévoir le climat du siècle futur que le temps de la semaine suivante. Le réchauffement leur offrait l'occasion d'être mieux reconnus.

En quelques années, un grand domaine de recherche s'est donc constitué auquel sont venus se joindre et émarger des spécialistes d'autres sciences « dures » ou de la nature. Ainsi, les paléoclimatologues ont argué de l'utilité de la connaissance du passé pour saisir le futur ; en particulier les glaciologues auteurs de spectaculaires reconstitutions du Quaternaire, montrant, de surcroît, le parallélisme des évolutions : température moyenne/teneur en GES.

Cet engouement explique l'émergence rapide d'une « géoscience » assez puissante pour imposer ses vues (« la très grande majorité des scientifiques pense que... »), pour étouffer les contradicteurs et marginaliser les seuls chercheurs qui, auparavant, se disaient climatologues. Cette nouvelle climatologie a pour objet, non plus l'étude des climats et des temps, mais celle de l'évolution du climat global.

De la science aux médias

Chaque grande nation scientifique a développé plusieurs modèles, distincts certes, mais de conception générale analogue. Une telle dispersion des moyens est présentée comme un atout puisque les prédictions convergent grosso modo. Le GIEC tire les enseignements de la comparaison des résultats et fait le bilan de leur affinement progressif. En effet, les modèles se complexifient sans cesse pour prendre en compte, sinon les facteurs exogènes, du moins les régulateurs externes tel l'océan (modèles « couplés » océan-atmosphère). Les projections ont subi de nombreuses révisions, les revoyant plutôt à la baisse et retardant les échéances ; mais les estimations conservent des fourchettes très larges. Au début des années 2000, on pronostique, en cas de doublement de la teneur en GES, un réchauffement de 1,5 °C à 4,5 °C, ce qui signifie, selon les scénarios économiques, 1,4 à 5,8 °C de plus en l'an 2100.

Ces travaux ont eu beaucoup de retentissement parce qu'ils ont trouvé un puissant écho auprès des médias. Ces derniers, toujours enclins au simplisme, ont omis l'adjectif additionnel, accusant l'effet de serre tout court ! Ils ont transformé les présomptions en certitudes et privilégié les hypothèses les plus pessimistes. Ainsi, quand les « experts » évoquent une possible élévation du niveau océanique, les médias traduisent par submersion. L'activation future du cycle de l'eau devient la multiplication présente des inondations et des sécheresses. Tout temps fort cesse d'être manifestation de la variabilité pour se muer en preuve du changement. Les hypothèses scientifiques accèdent au rang de dogme. Mais beaucoup de scientifiques ont leur part de responsabilité, qui n'ont pas hésité, surtout les moins compétents, à prendre les devants et à transformer l'inquiétude en panique.

Les enjeux du forçage

L'attitude militante des médias ne s'explique totalement que si l'on tient compte de la pression, du *forcing*, exercé par la mouvance écologique et par la mode. L'ébranlement qui en est résulté dans l'opinion a déplacé la question sur de nouveaux terrains.

Des perspectives troublantes

Une fois qu'on a débarrassé les pronostics du parasitage opéré par les médias, ils demeurent chargés d'incertitudes. Quel tableau présentent donc les modélisations ?

– le réchauffement signalé au paragraphe précédent serait inégal (**figure 63**) : réduit dans l'hémisphère sud, plus net au nord et marqué vers les latitudes moyennes (davantage de canicules ?) et surtout les hautes, maximal au pôle (de l'ordre de 10 °C ?) ;

– la fonte partielle de la cryosphère qui s'ensuivrait, ajoutée à la dilatation de l'eau réchauffée en surface, ferait s'élever le niveau océanique de 5 à 68 cm, entre 2000 et 2100 ;

– avec un océan plus chaud, donc une évaporation accrue, les précipitations augmenteraient, du moins aux latitudes moyennes et hautes (et peut-être autour de l'équateur) ; elles diminueraient sur les continents supratropicaux et tropicaux ;

– aux latitudes moyennes et hautes, l'affaiblissement des contrastes méridiens atténuerait la violence des perturbations (moins de tempêtes ?) ; mais la chaleur intertropicale multiplierait les ouragans et les occurrences du niño.

Au total, des modifications dans la distribution des ambiances et, à terme, dans la répartition des écosystèmes.

Fig. 63 – **Evolution des températures hivernales en cas de doublement de la teneur en CO_2**

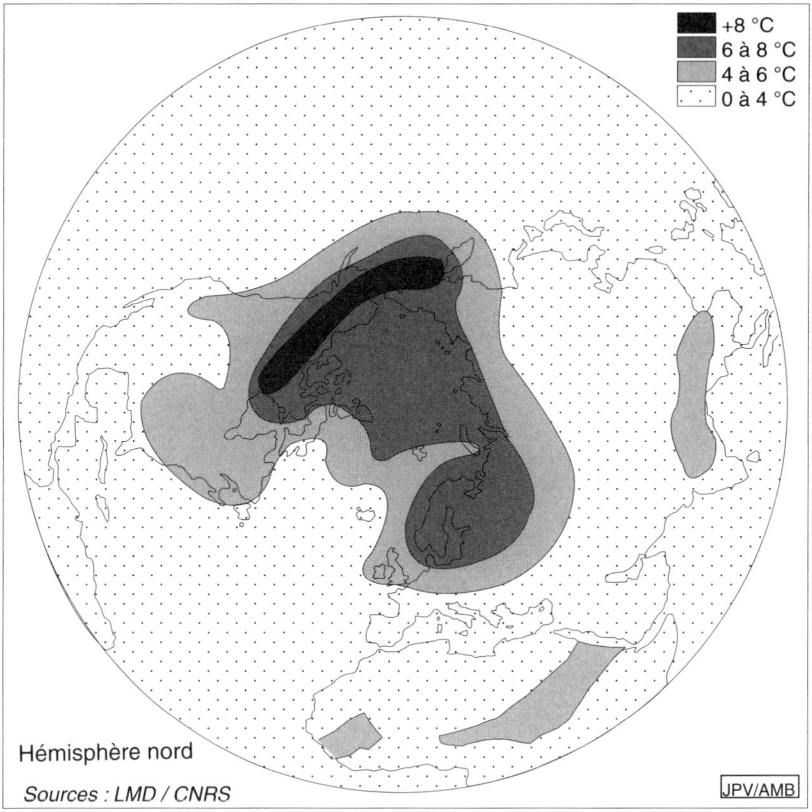

Les enjeux environnementaux

Des ONG s'occupant d'environnement participaient à certains des congrès qui ont lancé l'action contre le réchauffement. Cette mouvance écologiste, apparue des décennies plus tôt, ouvrait là un nouveau combat. Jusqu'alors, elle luttait pour la sauvegarde des espèces, puis contre les pollutions (dont celle de l'atmosphère) et contre les risques industriels et technologiques croissants. Des thèmes dignes d'intérêt, mais inégalement mobilisateurs ; la défense de la biodiversité, cœur de la pensée écologiste, étant assurément le moins bien reçu par l'opinion publique.

En revanche, la peur du réchauffement a constitué un excellent thème de campagne. D'une part, le changement climatique est porteur de risques potentiels, d'autre part il constitue un obstacle au développement durable, menaçant les écosystèmes et contrariant la bonne gestion des territoires. Le mouvement environnementaliste a donc pratiqué un lobbying intense… et couronné de succès.

Paradoxalement, alors qu'il se défie du progrès technologique et craint les errements de la science, il a dû ce succès aux certitudes affichées par des scientifiques ! Mais ce recours à l'infaillibilité des « sciences dures » était indispensable pour conforter le développement durable ; c'était une nécessité politique.

Les enjeux politiques et économiques

Craignant d'être en déphasage, sinon avec l'opinion, du moins avec les milieux agissants, les gouvernements de certains États ont pensé que la prise en compte du principe de précaution s'avérerait payante et leur permettrait de reprendre la main. Mais, au-delà même de l'hostilité des multinationales de l'énergie, s'engager plus avant était délicat. Prendre l'initiative de la réduction des émissions de GES, c'était se heurter aux lobbies nationaux en risquant de mettre sa propre industrie en situation de non-compétitivité. La solution a résidé dans les conférences internationales. Y participer permet de disposer d'une tribune incomparable, de bénéficier de l'effet d'annonce, donc de gagner du temps et, surtout, de ne pas s'engager sans les autres nations. La conférence de Rio (1992) a défini le cadre peu à peu rempli lors des suivantes, tel le « Sommet mondial du développement durable » de Johannesbourg (2000).

Le passage du discours aux actes s'opère selon la même prudence. En 1997, la conférence de Kyoto a produit un protocole destiné à initier la baisse globale des émissions. Tâche périlleuse que de ménager les pays en voie de développement et émergents, soucieux de lancer ou conforter leur décollage économique, qui voient dans l'écologisme une attitude de nantis. Tâche plus incertaine encore que d'accorder l'Europe, jouant le volontarisme, et les États-Unis, refusant tout ce qui compromettrait leur situation hégémonique. Sept ans plus tard, la ratification par la Russie semblait devoir permettre l'entrée en vigueur du protocole, en dépit du désaccord américain.

Bien qu'en retrait, les États-Unis ont imposé une logique libérale et marchande avec un système à double étage, celui des *droits d'émission* :

– au niveau international. Un pays riche pourra différer sa mise en conformité en achetant les droits d'un pays pauvre, en échange, par exemple, de transferts de technologie… qui rendront ce dernier captif ;

– au niveau national, en cours de mise en place en Europe. Dans chaque pays, qui a reçu son quota d'émissions, une instance répartit les droits entre les émetteurs de GES officiellement catalogués comme tels qui pourront se livrer à des échanges. Mais le démarrage prévu pour 2005 a pris du retard.

Quel réchauffement ?

Avant de préconiser des remèdes, il n'est pas inutile de vérifier la pertinence du diagnostic. Or, les faits constatés ne sont pas en adéquation avec les prédictions. Rien d'étonnant au vu des faiblesses qui affectent encore les modèles.

Des mesures contradictoires, des tendances contrastées

La courbe moyenne (figure 62), qui fonde l'analyse du GIEC et montre une vive accélération à la fin du XXe siècle est-elle fiable ? Courbe « reconstituée », elle résulte de la synthèse d'une grande masse de données collectées à travers le monde, et donc d'un dosage inévitablement arbitraire. Des chercheurs ont fait leurs propres calculs pour savoir si le réchauffement est bien indiscutable. Et leurs conclusions sont loin d'être alignées sur la fameuse courbe ! D'autres ont eu recours aux mesures des satellites et n'ont trouvé aucune évolution globale nette pour les deux dernières décennies !

Dans ces conditions, mieux vaut tenter de délimiter des espaces homogènes affectés d'une même tendance. Diverses études faites en ce sens font apparaître :

– des espaces à élévation plus ou moins sensible des températures : Europe de l'ouest, sud de la Russie, Asie méridionale, Australie, côte pacifique de l'Amérique du Nord, Alaska... ;

– des espaces où le sens de l'évolution est problématique : Antarctique... ;

– des espaces où la tendance est bel et bien à la baisse : nord-est de l'Afrique, bassin méditerranéen central et oriental, extrême nord de l'Europe, rives du golfe du Mexique, nord-est de l'Amérique, Groenland...

Le cas de l'Arctique est significatif : la différence est frappante entre les pronostics de toutes les modélisations (figure 63) et les tendances réellement constatées (**figure 64**). À la hausse sur Sibérie centrale et Amérique (entre baie d'Hudson et Alaska), répond la baisse, tout aussi marquée, sur Sibérie orientale et surtout espace Groenland-Labrador-Atlantique Nord-Ouest. Il n'y a de hausse généralisée qu'en altitude, au-dessus de 1 500 m.

Pas de doute, la courbe de synthèse dose (bien ou mal ?) des tendances divergentes.

Une évolution complexe

L'évolution globale prédite n'a guère (ou pas encore ?) de traduction lisible dans les autres paramètres météorologiques constituants de l'ambiance climatique.

La dynamique pluviale, pour autant qu'on puisse la définir à l'échelle de la terre, ne montre pas de parallélisme avec celle des températures. D'aucuns voient une augmentation récente dans des domaines tempérés ou supratropicaux d'Amérique, d'Asie, d'Europe ; une diminution dans le supratropical méditerranéen ; surtout un balancement curieux qui réduit les pluies dans le tropical nord pour les accroître dans le tropical sud. De fait, on ne trouve trace d'une tendance lourde qu'en Afrique, avec l'appauvrissement pluviométrique qui a frappé le Sahel, depuis 1970 et sur plus de 25 ans (**figure 65**). Dans cette bande zonale, située sous l'EMI, la perte d'efficacité des lignes de grains se lit au déplacement des isohyètes vers le sud, entre 1950-1967 à sécheresse atténuée et 1968-1990 à sécheresse aggravée. Il est difficile d'attribuer cette dernière au réchauffement quand on sait que dans le passé les phases chaudes ont été plutôt arrosées (ainsi lors de l'Atlantique, 8 000 BP). Nombre d'explications ont été proposées qui ont fait long feu :

– modification de l'albédo due au surpâturage. Mais elle ne saurait jouer sur la structure EMI ;

– variations de vitesse des deux courants d'est d'altitude (figure 26). Mais elles résultent autant de la libération de chaleur par la condensation qu'elles ne favorisent cette dernière.

Ce qui est sûr, c'est que la mousson avance moins vers le nord, soit que la poussée de l'hémisphère sud ait faibli, soit que celle de l'hémisphère nord ait été renforcée.

Fig. 64 – **(a) Tendance des températures moyennes annuelles en Arctique, 1954-2003. (b) Tendance des moyennes hivernales en Arctique, 1954-2003**

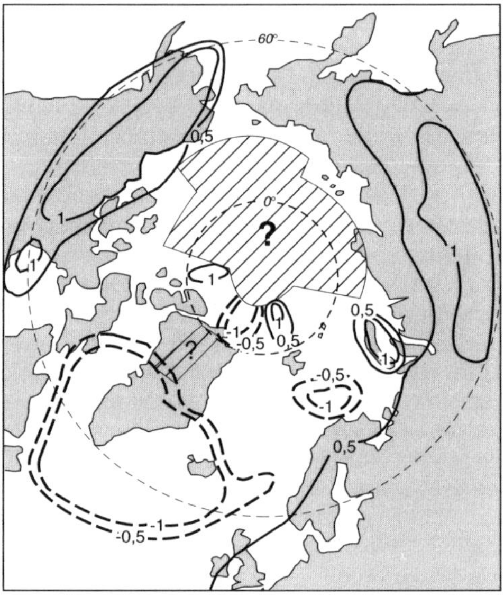

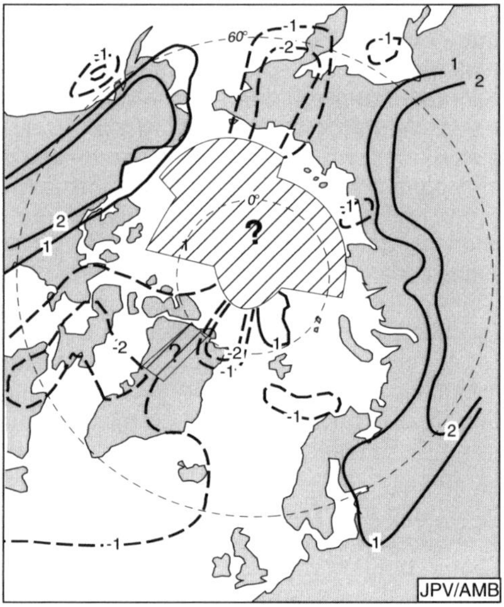

Fig. 65 – **Le déplacement vers le sud des isohyètes entre 1950-1960 et 1968-1970**

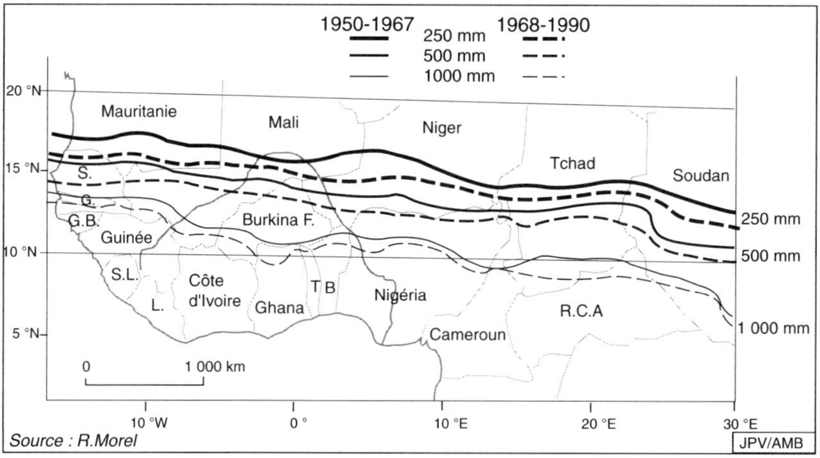

Sur la fréquence, accrue ou non, des temps forts, il n'est pas simple d'avoir une vue sereine. Lors des dernières décennies, on a compté sans doute davantage de tornades et de blizzards en Amérique du Nord, peut-être un peu plus de tempêtes sur la façade européenne. Mais ces constats n'ont pas de valeur globale. D'ailleurs, s'ils sont vérifiés, on pourrait y voir, non pas l'atténuation prévue des contrastes thermiques entre zones, mais au contraire leur activation et donc celle des échanges méridiens.

Cette hypothèse semble confortée par l'évolution du champ de pression. En effet, la période récente a correspondu à un renforcement de la pression sur l'est de l'Amérique du Nord, la Caraïbe, une bonne partie de l'Atlantique jusqu'à l'Europe, la Méditerranée, le nord de l'Afrique… et, en contrepartie, à un affaiblissement à l'est des océans, spécialement sur l'Atlantique du nord-est, la mer de Norvège et la Scandinavie…

Les effets indirects du climat ne fournissent guère de message éclairant. Les glaciers répercutent des conditions relativement récentes, mais le recul alpin, évident, est-il dû à une chaleur estivale accrue ou des chutes hivernales raréfiées ? La progression notée en Scandinavie tient, sûrement, à des neiges plus copieuses. Les inlandsis répercutent des conditions beaucoup plus anciennes ; des vêlages massifs d'icebergs, fort irréguliers, traduisent avant tout les variations de l'alimentation passée. Même l'élévation du niveau de l'océan n'a ni l'évidence ni la rapidité annoncées.

Carences des modèles, limites des simulations

Dans leurs productions scientifiques, les *néoclimatologues* montrent une réserve bien éloignée de l'assurance manifestée face au public. Une telle prudence est de mise puisqu'ils n'ignorent ni la relative médiocrité des données, ni leur méconnaissance de certains processus physiques, ni la fiabilité discutable des modèles. Pour saisir l'ampleur des incertitudes, le plus simple est de revenir sur la distinction déjà faite (chapitre 9) entre, d'une part, le fonctionnement atmosphérique *stricto sensu* et, d'autre part, les composantes exogènes du système climatique.

La dynamique de l'atmosphère est traduite par une série d'équations de la mécanique des fluides que, seule, l'informatique permet de mettre en œuvre. Mais tout n'est pas résolu ; l'imperfection des prévisions météorologiques en témoigne. À cela plusieurs causes :

– la base, ce sont les valeurs attribuées par le calcul à un ensemble de points de grille à distribution régulière. Or, la durée et le coût des opérations obligent à se satisfaire d'un maillage peu serré (de quelques dizaines ou centaines de kilomètres de côté) auquel peuvent échapper des phénomènes d'échelle fine ;

– le réseau des interactions entre mécanismes est si touffu qu'une même cause peut déboucher sur des effets différents ;

– il est impossible de tout prendre en compte. Un choix s'impose entre les mécanismes jugés déterminants qui font l'objet d'une simulation vraie et ceux qui, semblant secondaires, sont ajustés de manière approximative et empirique.

Toute possibilité d'inflexion de la marche du système provient de l'extérieur, où résident également les composantes régulatrices. Du fait de l'inertie de l'océan en matière de stockage et de transfert de la chaleur et des gaz, le couplage du modèle atmosphérique avec un modèle océanique est donc indispensable. L'inertie du second peut procurer des projections lointaines plus sûres que les prévisions à courte échéance du premier. Mais l'océan est très inégalement connu et, là aussi, le maillage trop lâche occulte bien des situations. Une représentation véritablement réaliste du système impose de faire intervenir, en outre, la cryosphère (inlandsis et banquise), le substrat continental (albédo, végétation, bilans radiatif et hydrique) ; et de maîtriser la chimie atmosphérique et le cycle du carbone. On commence juste à faire tourner des modèles pour ces diverses composantes. Et encore faudra-t-il qu'ils marchent ensemble, sans multiplier les erreurs.

Au total, puisque les interactions qui régissent le comportement de l'atmosphère ne sont pas totalement élucidées, puisque les rétroactions avec les composantes non atmosphériques sont pour partie méconnues, les résultats des simulations ne peuvent qu'être ambigus. Et ce, quels que soient les progrès des modèles, en sophistication, et des calculateurs, en puissance. L'exemple de l'eau illustrera l'importance de ces écueils. Elle tient un rôle clef puisqu'elle est responsable des trois quarts de l'effet de serre (contre un quart pour les GES). Retenons donc quelques aspects de son action, en allant du simple au complexe :

– la relation mécanique, souvent invoquée, réchauffement → évaporation accrue → pluviométrie croissante, confond potentiel précipitable et précipitation. Celle-ci est étroitement subordonnée au déclenchement de l'ascendance au sein de systèmes pluviogènes d'une infinie diversité ;

– l'évaporation, justement, est curieusement traitée dans certains modèles. Le surcroît supposé d'évaporation, dû au réchauffement (résultat indirect des activités humaines), est directement pris en compte dans les simulations. Au contraire, le surcroît réel, dû à la consommation directe, ne constitue pas une entrée principale. Il n'est pourtant pas négligeable, cumulant l'évaporation d'origine industrielle (refroidissement des centrales entre autres) et celle liée au développement de l'irrigation. Facteur aggravant, dans les espaces semi-arides, elle remet en circulation des réserves fossiles qui viennent s'adjoindre à la masse en continuel changement d'état. Or, ce forçage-là est traité comme une rétroaction seconde, au même titre que les effets de la cryosphère, ou ceux des nuages ;

– les nuages, justement, constituent, même de l'avis des plus chauds partisans du *global warming*, une composante difficile à manier. Supposons-les plus nombreux : d'un côté, ils augmentent l'effet de serre, de l'autre, ils renvoient davantage d'énergie. Le bilan est âprement discuté et la distinction proposée entre les nuages bas plutôt refroidissants et les nuages élevés plutôt réchauffants ne fournit pas encore la solution qui permettrait de dire si la rétroaction est positive (réchauffement amplifié) ou négative (réchauffement contrarié).

Une question ouverte

Parallèlement à l'impact multiforme de la société sur le climat, des modifications naturelles de la dynamique atmosphérique sont probables. Nul n'est, aujourd'hui, en mesure d'estimer le poids respectif de ces deux grands ensembles de facteurs.

La nébuleuse des effets anthropiques

Les conséquences problématiques de l'intervention de la société sur le cycle de l'eau témoignent de la diversité des formes prises par le forçage anthropique. Il ne faudrait donc pas focaliser sur la seule teneur en CO_2, même si l'on tient là le facteur le mieux mesurable. Sa progression est parlante : probablement 275 parties par million en volume (ppmv) au début du XIXe siècle, 280 vers 1850 ; certainement 315 en 1958, 345 en 1985, 365 en 1999, 370 en 2003… On conçoit qu'à défaut de preuves tangibles, ces valeurs puissent constituer un argument propre à emporter la conviction. Toutefois, le CO_2 n'est pas seul à croître ; les autres GES suivent une semblable trajectoire, dont le méthane (CH_4). Sa concentration, toujours inférieure à 0,8 ppm sur les diagrammes des carottages polaires, a atteint 1,8, en liaison avec les mutations de l'agriculture. Dans le forçage radiatif, estimé à quelque 2 Wm^{-2} depuis 1750 (soit + 1 %), on a coutume d'attribuer au CO_2 60 % de responsabilité, contre 20 % au CH_4 ; mais le dosage n'est pas simple puisque, d'une part, le pouvoir de réchauffement du CH_4 est très supérieur (56 fois), d'autre part, son temps de résidence dans l'atmosphère est beaucoup plus court (une décennie contre un à deux siècles).

On sait qu'il n'y a pas de relation mécanique entre cette progression et l'évolution de la température (figure 62). Aussi, certains ont-ils montré que d'autres émissions d'origine industrielle contrecarrent ou ralentissent le processus, du fait de leur pouvoir refroidissant. Tel est le rôle dévolu à la multiplication des aérosols, spécialement des composés soufrés, autres sous-produits de la consommation des combustibles fossiles. Les prendre en compte permet de mieux faire coïncider les prédictions avec les mesures officielles.

L'impact anthropique prend encore une autre forme, déjà évoquée (chapitre 8). Le réchauffement du climat urbain est incontestable, mais d'origine beaucoup plus complexe que la seule émission de GES. L'expansion continue des organismes métropolitains a rendu délicate l'analyse des longues séries de relevés de température ; autrement dit, la rareté des stations non influencées fausse la perception de l'évolution globale.

D'autres modalités de la circulation globale

La mobilité généralisée (voir chapitre 2), en empêchant les circulations de se répéter à l'identique, rend compte de la variabilité. Mais est-elle purement aléatoire ou y trouve-t-on trace de tendances plus ou moins durables ? Peut-on relier la prédominance de certains types d'échanges aux pulsations repérées dans les ambiances ? Les tentatives en ce sens sont anciennes, telle l'*oscillation australe,* proposée dans les années 1920, qui fait apparaître, plus ou moins régulièrement, le phénomène de niño (**document p. 168**). Telle également l'*oscillation nord-atlantique* (ONA) qui se fonde sur la vigueur du gradient de pression hivernal entre les basses pressions subpolaires (Islande) et les hautes pressions supratropicales (Açores ou Lisbonne). L'interprétation classique distingue :

– un faible indice (un gradient atténué), caractérisé par une circulation d'ouest ralentie (à méandres) et associé à des hivers froids en Europe du Nord et pluvieux au sud ;

– un fort indice (gradient renforcé), caractérisé par une circulation accélérée (zonale) et associé à des temps doux et arrosés au nord, peu pluvieux au sud.

La **figure 66** dégage des alternances, rendues particulièrement claires au cours du XXe siècle par la courbe lissée : faibles indices fréquents de 1930 à 1975, forts indices prédominants de 1975 aux années 1990.

Fig. 66 – **Les variations de l'oscillation nord-atlantique (ONA)**

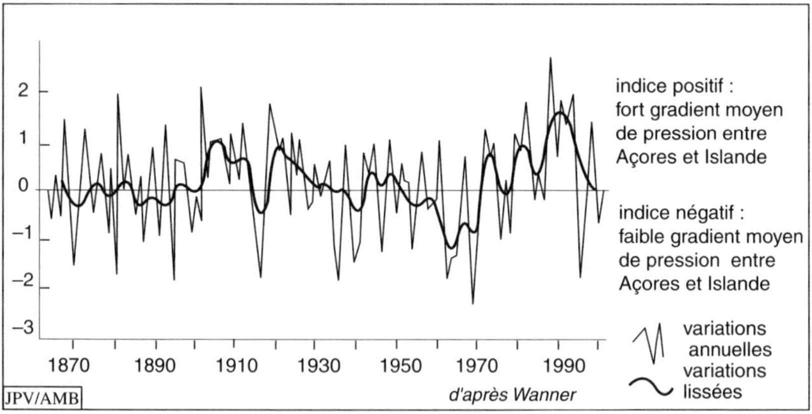

Il est possible d'en faire une lecture un peu différente, l'indice fort caractérisant des échanges méridiens plus vifs : davantage de « descentes » froides et de « remontées » chaudes, et inversement. Ainsi, pour M. Leroux, le tournant de 1975 correspond au refroidissement arctique qui a entraîné la production accrue de masses d'air froid en basses couches (AMP) et, en retour, l'arrivée plus massive de masses d'air chaud au-dessus de 1 500 m. Cette hypothèse fournit une solution élégante à toute une chaîne de problèmes. Des échanges méridiens accélérés dans l'hémisphère nord correspondent à :

– des pressions en hausse et davantage de froid de l'Amérique (côte Ouest exceptée) à l'Atlantique et à l'Europe du Sud. En compensation, à des pressions en baisse et davantage de chaleur et de précipitations sur l'Atlantique du nord-est et la Scandinavie ;

– des AST plus puissants, donc des alizés renforcés repoussant l'EM vers le sud ; ce qui se traduit par une mousson africaine (de sud) atteignant moins le Sahel et par une mousson amazonienne (de nord) atteignant plus le Nordeste brésilien ;

– une véritable expansion de la circulation de l'hémisphère nord. Elle expliquerait la pluviométrie accrue dans la partie sud de la ZIT et l'intensification du niño (**document p. 168**) dont, à la fin du XXe siècle, les manifestations ont été plus fréquentes et durables.

Le recul nous manque pour savoir si, au début du XXIe siècle, cette phase-pulsation est encore en cours ou déjà terminée.

À la recherche de causes premières

Malgré sa cohérence, l'hypothèse des échanges méridiens accélérés ne saurait expliquer le point de départ : le froid accru sur l'Arctique. Une telle modification ne peut relever que de l'impact de facteurs externes au système.

Les grandes éruptions volcaniques propulsent, dans la troposphère et la stratosphère, des tonnages considérables d'aérosols qui constituent un voile temporaire repérable aux brumes sèches et aux couleurs éclatantes du couchant. Ces projections comprennent des cendres et poussières, des gaz (vapeur d'eau, CO_2, composés soufrés et chlorés). La circulation les répartit, en quelques semaines, tout autour du globe jusqu'aux pôles. C'est dans la stratosphère qu'elles se maintiennent le plus durablement en suspension. La réflexion et l'absorption, dues surtout aux gouttelettes d'acide sulfurique, réduisent le rayonnement global. Les températures de surface s'en trouvent abaissées, selon l'ampleur du phénomène, pour quelques mois ou pour une ou deux années. Par sa relative brièveté, l'effet avéré de refroidissement ressortit plus à la variabilité résultante qu'aux pulsations.

L'activité solaire (chapitre 9) atteint des niveaux records à la charnière des XXe et XXIe siècles (peut-être les plus élevés depuis 8 000 BP), sans que pour autant les relais entre cause et effet aient été clairement identifiés. Les tendances thermiques semblent corrélées :

– avec l'intensité des maxima qui, à la différence des minima, sont passablement irréguliers. Ainsi, ils ont été quelque peu réduits pendant la période plus fraîche du troisième quart du XXe siècle et accrus lors des phases chaudes qui l'ont encadrée ;

– avec la durée des cycles. La phase plus fraîche a correspondu à un cycle plutôt long (> 11 ans) et les plus chaudes à des cycles plutôt courts (< 11 ans).

L'action est probablement indirecte. Selon une hypothèse récente, une forte activité renforcerait le champ magnétique terrestre ; l'apport en rayons cosmiques s'en trouverait réduit, et avec lui l'efficacité des noyaux de condensation et donc la couverture nuageuse en basses et moyennes couches, ce qui laisserait libre cours à un réchauffement... En fin de compte, le dernier maillon serait l'eau, une fois encore. Il est à peine besoin de signaler que les partisans du réchauffement exclusivement ou prioritairement anthropique n'apprécient guère cette proposition alternative ou complémentaire.

Quelle synergie entre naturel et anthropique ?

Pour discuter sereinement, tentons de hiérarchiser les questions. Aucune ne peut être tranchée en toute certitude.

Au-delà de la différenciation entre grands ensembles spatiaux à tendances opposées (vers le réchauffement ou le refroidissement), existe-t-il une tendance globale incontestable ? Le certifier paraît pour le moins prématuré. Mais dans le doute, acceptons l'hypothèse.

Pour un espace donné, ce réchauffement est-il généralisé ou « ponctuel », limité aux « archipels métropolitains » ? Problème redoutable car insuffisamment documenté. Mais faisons le pari que le réchauffement touche aussi la campagne (bien qu'à un moindre degré).

La question se pose alors de l'origine du forçage. Peut-on éliminer l'hypothèse d'un processus purement naturel (solaire par exemple) ? Sûrement pas puisque oscillations et pulsations n'ont pas cessé, ni depuis la fin de la dernière glaciation ni au cours de l'histoire, et ce sans variation de la teneur en GES ! De ce fait, il n'y a aucune chance que l'impact anthropique agisse seul. Si l'on tient à le prendre en compte, force est de penser à une action simultanée des deux facteurs, voire à leur combinaison. Comment une telle synergie peut-elle jouer ? Examinons-la sous deux aspects :

– d'abord dans le temps. La difficulté à résoudre est double : pourquoi, entre 1950 et 1975, y a-t-il eu rafraîchissement ? pourquoi, depuis 1975, l'écart s'est-il creusé entre les premiers pronostics et les températures réellement mesurées ? Une réponse (très) simpliste consiste à dire que les pulsations étaient essentiellement naturelles avant 1975, date d'un basculement qui a donné la priorité à l'anthropique. Une réponse plus subtile attribue la baisse d'avant 1975 à l'effet refroidissant du SO_2 également libéré par les combustions. Le renversement de 1975 correspondrait alors au recul des émissions de SO_2, en valeur relative face à celles de CO_2 ; mais elles resteraient suffisantes pour freiner le réchauffement. Astucieux, mais c'est alors occulter l'évolution naturelle ;

– ensuite dans les mécanismes. Jouant des possibilités de leurs modèles, certains néoclimatologues ont montré l'étroitesse de la liaison entre réchauffement et modalités actuelles de la circulation : fort indice de l'ONA, puissance et fréquence du niño. En occultant ces effets, ils effacent l'élévation de la température. Cela signifie que l'action de l'effet de serre additionnel serait indirecte, mais on voit mal quels relais elle utiliserait. D'autant plus mal que la circulation très méridienne de la fin du XXe siècle, pouvant expliquer les configurations du niño et de l'ONA, suppose un pôle Nord refroidi... tout à l'inverse des prévisions de modèles.

Tout ce « bidouillage » n'est pas propre à rendre les modèles plus crédibles.

Certes, les modélisateurs, conscients de ces incertitudes repoussent à plus tard la véritable mise en marche du processus. Il s'agit moins de « jouer la montre » que de tenir compte de la complexité temporelle du système. Ainsi, les régulateurs externes (comme l'océan) peuvent tarder à restituer la chaleur. On peut également imaginer que les possibilités de stockage de carbone dans l'océan ou la biosphère (qui sont improprement nommés *puits*) finiront par être saturées et cesseront de ralentir la croissance de la teneur de l'air en GES. Ces justifications semblent a priori défendables. Elles inscrivent cependant la question dans un autre cadre.

Imaginer que le forçage anthropique puisse (ou pourra) occulter les tendances naturelles, c'est accorder aux GES une efficacité considérable. C'est aussi penser que l'effet de serre additionnel peut induire des modifications supérieures aux pulsations et créer des oscillations artificielles. Certains catastrophistes vont jusqu'à des modifications valant des fluctuations, ce qui est irréaliste car une telle dynamique demanderait beaucoup de temps, et l'on voit mal l'humanité rester passive.

Dans le doute, faut-il appliquer le principe de précaution ? Certains préfèrent attendre, qui pensent que l'on viendra bientôt à bout des combustibles fossiles et espèrent une « révolution » énergétique. D'autres, les plus entendus, mais pas forcément les plus suivis, crient à l'urgence. En l'absence de certitude scientifique, le choix entre les deux attitudes est une question de conviction.

Fig. 67 – **Dynamique et devenir du système climatique**

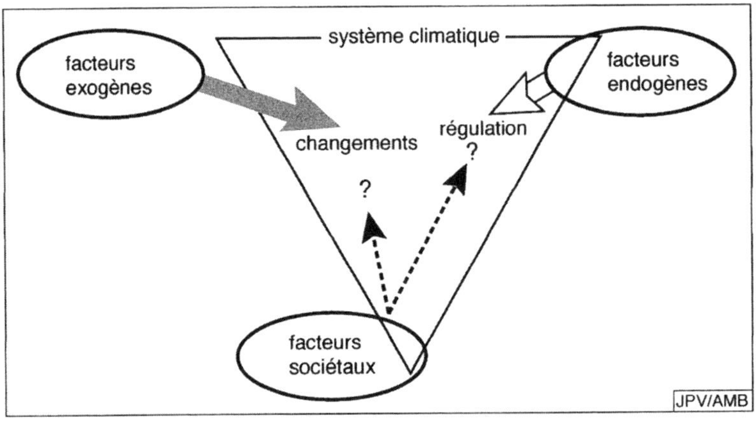

SYNTHÈSE

Après 1980, l'incertitude sur la dynamique du climat a fait place à la crainte d'un rapide réchauffement. Avec le concours des mouvements écologistes et des médias, de nouveaux climatologues ont installé leur science au premier plan. Les projections alarmistes des modèles sont devenues arguments dans les débats sur les risques et le développement durable. Le CO_2 est apparu comme le coupable idéal. Le monde politique et économique tâtonne dans la recherche d'une parade. Pourtant tout n'est pas clair dans l'état et le fonctionnement du climat ; les simulations manquent encore de fiabilité. Mieux vaut savoir que les conséquences de l'action multiforme des sociétés restent imprécises ; que le jeu des causes naturelles n'est pas encore clarifié. La priorité devrait revenir à l'analyse de la synergie de ces deux facteurs. Leur résultante est-elle une pichenette insignifiante sur le long chemin de la prochaine glaciation ou un puissant levier capable de provoquer une césure durable ?

Pour en savoir plus

Collectif, *Le risque climatique, Les dossiers de la Recherche*, novembre 2004.	Sous un titre inadéquat, un exemple, entre mille, de militantisme peu nuancé sur le réchauffement.
R. Kandel, *Le réchauffement climatique*, Paris, PUF, 2e éd., 2004, 128 p.	Sur ce sujet brûlant, une objectivité et une prudence de bon aloi.
M. Leroux, *La dynamique du temps et du climat*, Paris, Dunod, 2e éd., 2000, 367 p.	Dénonce les impostures du *global warming* et propose des explications naturelles.

CONCLUSION

Le climat, bien sûr commandé par l'apport solaire en énergie, ne peut être détaché du fonctionnement global du système terre qui contrôle tant sa régulation que ses variations. Les facteurs planétaires déterminent la répartition des grands ensembles climatiques ; ils fournissent une gamme de potentiels que les sociétés exploitent avec plus ou moins de bonheur, à défaut de s'en libérer. Nul doute que le climat constitue une composante essentielle de notre environnement.

La climatologie n'a pas encore achevé la première mission qu'elle s'était assignée, consistant à décrire et expliquer tous les types existants, en les hiérarchisant au sein d'échelles spatiales clairement emboîtées. Mais ce travail est en bonne voie. En revanche, la mise au point d'une théorie générale cohérente et la compréhension intime des mécanismes (qui, à l'origine incombaient à la météorologie) sont moins avancées qu'on avait pu l'espérer. Pourtant, saisir la dynamique à court terme serait particulièrement bienvenu dans une civilisation qui a placé les risques parmi ses préoccupations majeures.

Depuis une vingtaine d'années, le souci du présent a été quelque peu occulté par celui de l'avenir. Ce dernier a fait surgir une nouvelle perspective tout entière tournée vers les modalités et les conséquences d'un changement, éventuel mais profond, d'origine anthropique. Cette excroissance de la climatologie, qui répond, elle aussi, à une demande sociale, présente l'avantage de lui redonner du lustre, mais au prix d'une perte en rigueur scientifique. La modélisation du climat n'a encore porté que peu de fruits pour la connaissance approfondie du système.

Face au climat, notre civilisation se trouve à un tournant difficile à négocier : elle est impuissante à en maîtriser les impacts, tout en étant, peut-être, à même d'en infléchir le fonctionnement. En la matière, l'avenir est incertain ; mais quels qu'en soient les effets directs ou indirects sur les températures, les précipitations et les autres éléments du temps-ambiance, les émissions croissantes d'aérosols et surtout de gaz mettent en place une pollution atmosphérique généralisée, s'ajoutant aux autres modes de pollution. L'humanité ne pourra sans doute pas et se multiplier et persévérer indéfiniment dans cette voie, sauf à vouloir se perdre sciemment.

DOCUMENTS
ET
MÉTHODES

LE TOURBILLON

Texte et croquis réalisés avec la collaboration de Jacques Mekdjian

Outre celle de Coriolis, une autre cause de déviation contrôle les mouvements de l'atmosphère: la force du tourbillon qui s'applique aux colonnes d'air en mouvement autour du globe. À chaque latitude correspond une valeur du tourbillon et la déviation résulte du fait que toute colonne qui se déplace en changeant de latitude conserve le tourbillon de sa latitude d'origine. L'explication de ce mécanisme, que concrétise l'expérience du pendule de Foucault, peut se faire selon diverses approches plus ou moins mathématiques. On a choisi de présenter ici celle qui, tout en demeurant rigoureuse, paraît la plus simple (**figure 68**).

Plaçons-nous sur le parallèle correspondant à la latitude α et considérons un élément de la surface terrestre centré autour du point O (**croquis a**). Il s'agit d'un secteur que nous choisissons de dimension réduite afin que sa surface puisse être considérée comme pratiquement plane. Le méridien passant par O coupe cet élément en A (à son extrémité nord) et en B (à son extrémité sud). Dans le même plan que ce méridien, traçons la tangente à la surface terrestre au point O: elle va couper l'axe des pôles en C.

Prenons, maintenant, en compte la rotation de la terre. À l'instant t_0, A et B se situent en A_0 et B_0. Après un laps de temps Δt tel que $t_1 = t_0 + \Delta t$, A s'est déplacé en A_1 et B en B_1. La tangente passant par la nouvelle position du point O coupe encore l'axe des pôles en C. L'angle A_0 C A_1 matérialise la rotation de l'élément de surface autour de son centre O; appelons-le $\Delta\Phi$. Laissons s'écouler le temps: t_2, t_3,... t_n ; à chacun correspond une nouvelle position de notre élément de surface, tandis que les tangentes respectives convergent toutes en C.

Imaginons un observateur situé sur l'axe des pôles (en C par exemple) et qui aurait donc une « vue de dessus ». Il verrait le déplacement de l'élément de surface telle qu'il apparaît sur le **croquis b**; c'est-à-dire qu'il constaterait la rotation de AB autour de O (ou si l'on veut de B autour de A).

Revenons au **croquis a**. Le déplacement progressif de la tangente en O l'amène à décrire la surface d'un cône de sommet C et dont la base est constituée par le parallèle de latitude α. Nous savons que le globe terrestre accomplit un tour entier sur lui-même en 24 heures. Pour cette durée, il nous faut connaître l'angle total résultant de ce mouvement de balayage de la tangente, c'est-à-dire la somme Φ de tous les angles $\Delta\Phi$ successifs: il nous donnera la déviation globale de notre élément de surface. Il représente « l'angle développé » du cône que l'on peut matérialiser en mettant le cône à plat, ce que fait le **croquis c.** La base du cône, originellement constituée par la circonférence du parallèle de latitude α, devient alors un arc de cercle de même longueur.

Fig. 68 – **Mise en évidence et calcul du tourbillon**

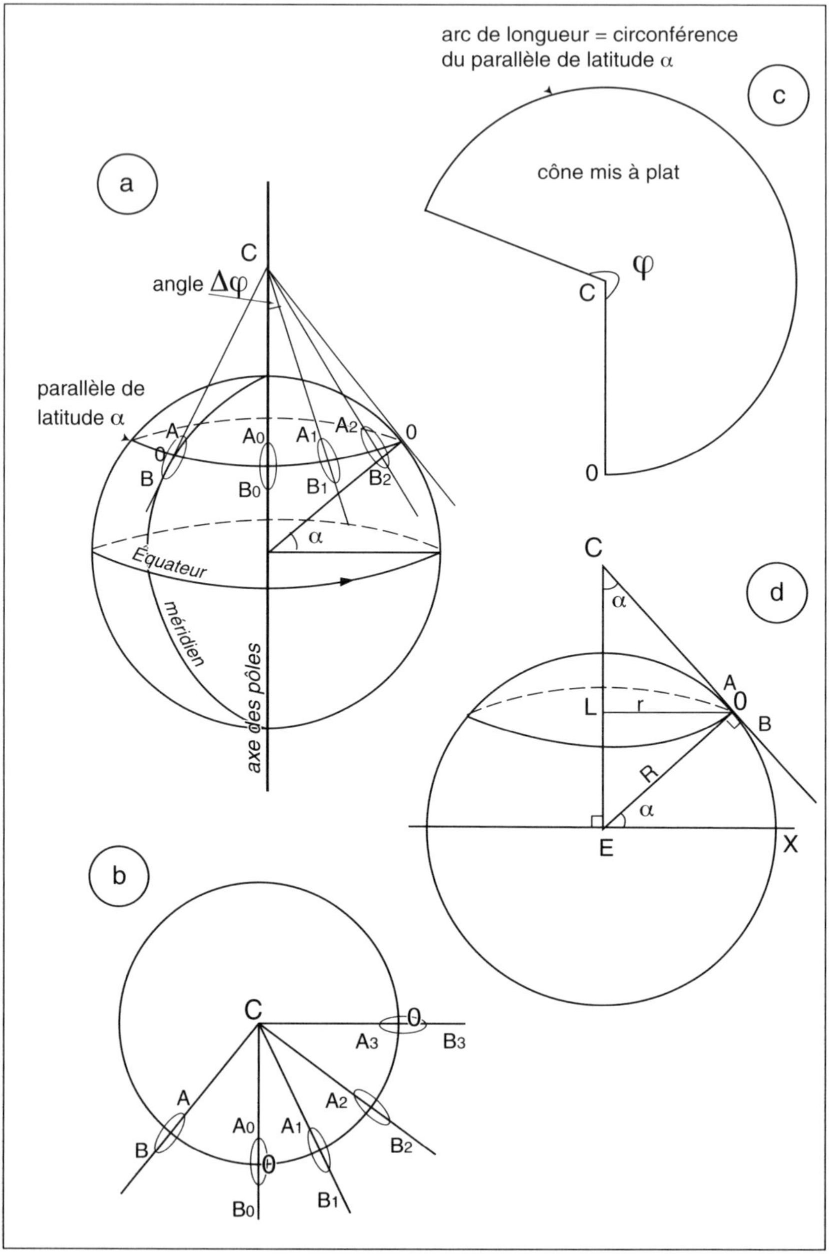

La valeur de l'angle Φ est égale à la longueur de l'arc divisée par celle du rayon qui l'a engendré:

– la longueur de l'arc, qui n'est autre que la circonférence du parallèle, vaut $2\pi r$, r étant le rayon du cercle tracé par le parallèle de latitude α (croquis **d**);

– le rayon qui l'a engendré, c'est CO que l'on peut calculer sur le croquis **d.** Dans le triangle rectangle LCO, l'angle LCO est égal à α. En effet, CO est perpendiculaire au rayon terrestre EO, tandis que CL est perpendiculaire à l'axe EX (qui est dans le plan de l'équateur). Puisque :

$$\text{sinus } \alpha = \frac{r}{CO}$$

on en tire que :

$$CO = \frac{r}{\sin \alpha}$$

donc :

$$\Phi = \text{longueur de l'arc} / CO = \frac{2\pi r}{\frac{r}{\sin \alpha}}$$

soit :

$$\Phi = 2\pi \sin \alpha$$

Sa valeur pour une latitude donnée est donc directement calculable.

Avant de donner des exemples, il nous reste à évaluer la vitesse angulaire de notre élément de surface. La vitesse angulaire de la terre Ω valant 2π / 24 heures, celle de notre élément ω vaut $2\pi \sin \alpha$ / 24 heures; par conséquent $\omega = \Omega \sin \alpha$. Ainsi, cette vitesse angulaire est celle de la terre multipliée par le sinus de la latitude.

Prenons quelques exemples.

exemple 1.

Pour la latitude moyenne: $\alpha = 45°$.

Dans ce cas :

$$\text{sinus } \alpha = \frac{\sqrt{2}}{2}$$

soit approximativement :

$$\text{sinus } \alpha \approx 0{,}7$$

donc :

$$\phi = 2\pi \times 0{,}7 \text{ (rd)}$$

ou encore :

$$\phi = 360° \times 0{,}7$$

ce qui fait à peu près :

$$\phi \approx 254°$$

Cela signifie que pendant que la terre tourne de 360° (ce qui met 24 heures), l'élément de surface a effectué une rotation de 254°. On peut compléter en calculant combien il faut de temps à cet élément de surface, situé à 45° de latitude, pour effectuer une rotation de 360°.

Ce temps est de :

$$24 \text{ heures} \times 360 / 254 \text{ , soit} \approx 34 \text{ heures}$$

De fait, à Paris, à une latitude de 48°52' N, le pendule de Foucault (visible au Panthéon) effectue cette rotation en 32 heures.

exemple 2.

Si l'élément de surface est situé au pôle nord où $\alpha = 90°$ (ou $\pi / 2$), sinus $\alpha = 1$.

On voit alors que $\omega = \Omega$, et donc que le tourbillon au pôle est maximal et égal à celui de la terre.

exemple 3.

Si cet élément est situé à l'équateur de latitude 0, on $\alpha = 0$ et sinus $\alpha = 0$; ce qui signifie que le tourbillon est nul.

Il y a donc, du pôle à l'équateur, une décroissance du tourbillon depuis une valeur maximale jusqu'à une valeur nulle.

Dans l'hémisphère sud, sinus α est négatif, ce qui engendre un sens de rotation inverse à celui de l'hémisphère nord. Pour un observateur extraterrestre, le tourbillon de la terre est horaire (sens des aiguilles d'une montre) au sud, antihoraire (sens inverse) au nord.

Revenons enfin à la figure 9a. Puisqu'une colonne d'air partie du pôle conserve le tourbillon maximal, elle possède un excédent de tourbillon par rapport à toute autre latitude qu'elle atteint. Descendant en latitude, elle tourne donc dans le sens cyclonique (sens inverse des aiguilles d'une montre dans l'hémisphère nord). La combinaison du déplacement et de la rotation accroît la vitesse de cette dernière sur le flanc ouest de la colonne et la ralentit sur le flanc est, ce qui provoque la déviation de la colonne vers l'est. À l'inverse, une colonne partie de l'équateur conserve son tourbillon nul. Elle se trouve donc en état de déficit de tourbillon dès qu'elle s'en éloigne. Elle tourne donc dans le sens anticyclonique; d'où l'accroissement de vitesse sur le flanc ouest et la déviation vers l'est.

ORAGES ET GRÊLE

À tout moment, autour du globe, il y a 1 000 à 2 000 très gros cumulonimbus (cunimb). Ils constituent un relais essentiel dans le circuit électrique global et peuvent être considérés comme des *dipôles*, à charge positive dans leur partie supérieure très froide (–20 °C à –60 °C), à charge négative dans leur partie inférieure. Cet état résulte de transferts internes : les courants ascendants collectent les charges positives attirées à la base et les entraînent vers le sommet ; les charges négatives collectées en haut sont entraînées vers la base par les courants descendants et les précipitations.

Fig. 69 – **Le dipôle**

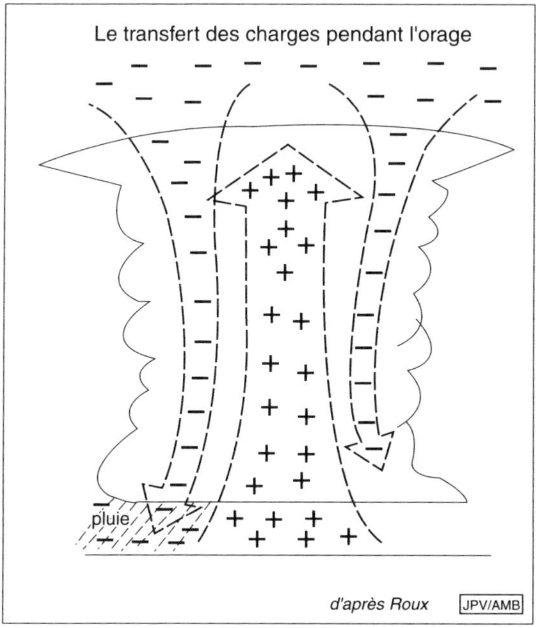

Des charges opposées se trouvent donc en présence dans le nuage. Elles sont neutralisées par de microdécharges en étant reliées par des *traceurs* : les éclairs où s'opère la conversion de l'énergie électrique en énergie lumineuse. En outre, la neutralisation des plus fortes charges s'opère entre le nuage et le substrat : deux traceurs partent de l'un et de l'autre et se rencontrent, le tout en une infime fraction de seconde. À leur contact se produit un court-circuit que matérialise l'éclair et qui propage la foudre. La transformation de l'énergie a pour sous-produits une chaleur de plusieurs dizaines de milliers de degrés ainsi qu'un phénomène acoustique, le tonnerre dû à l'expansion de l'air surchauffé.

Fig. 70a – **La régénération des cellules convectives (selon F. Roux)**

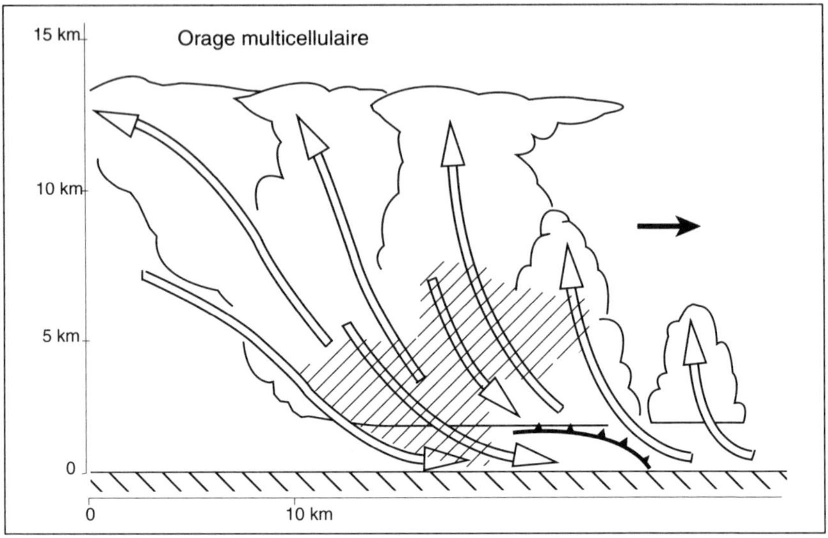

Dans leur déplacement, les cellules convectives des cunimb peuvent se régénérer par formation de nouvelles colonnes ascendantes à l'avant du système. À l'arrière, les ascendances des anciennes colonnes ne sont plus actives qu'en haute altitude parce que l'air de niveau moyen, refroidi par l'évaporation des précipitations, alimente le courant descendant. C'est ce dernier qui, arrivé en basses couches, progresse plus vite que les colonnes existantes, soulève l'air chaud et fait naître de nouvelles colonnes.

Fig. 70b – **Les grands systèmes orageux (selon F. Roux)**

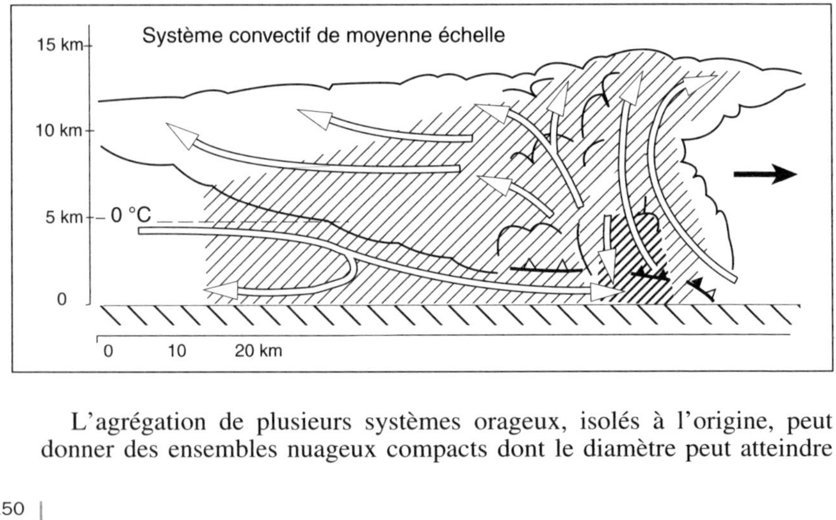

L'agrégation de plusieurs systèmes orageux, isolés à l'origine, peut donner des ensembles nuageux compacts dont le diamètre peut atteindre plusieurs centaines de kilomètres. Les météorologistes les nomment *systèmes convectifs de moyenne échelle (SCME)*. C'est la partie avant (dans le sens du déplacement) qui est la plus active.

Fig. 71 – **Le cumulo-nimbus**

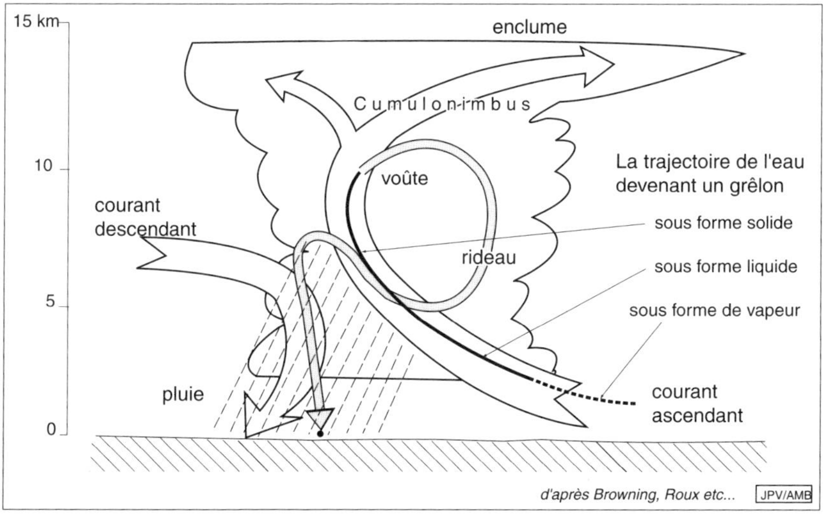

La formation de la grêle a été décrite au chapitre 4 (p. 48). Son trajet dans le cumulo-nimbus et celui pour en sortir sont ici représentés sous forme de schéma. Les cristaux se forment à la partie haute du courant ascendant, sous la *voûte*. Une partie est transportée vers l'enclume, trop rapidement pour avoir le temps de grossir. Une autre partie est transportée vers le *rideau* ; ces cristaux grossissent peu à peu et plus encore pendant une nouvelle montée ; ces grêlons sont devenus assez lourds et peuvent tomber, d'autant plus vite qu'ils sont violemment entraînés par les courants descendants.

LECTURE DES CARTES MÉTÉOROLOGIQUES

Lire une carte synoptique ne présente guère de difficultés pour peu que l'on procède de façon rationnelle. Voici une méthode simple. Elle sera illustrée au moyen de trois exemples pris en une même saison et correspondant à trois styles différents de circulation, à trois types d'ambiances nettement contrastées.

Premier exemple : le 2 mars 1994

Figures 72 et 73

Commentaire de la carte au niveau 0, dite « analyse en surface »

Afin de ne rien omettre d'important, on fera une analyse systématique portant successivement sur quatre aspects.

1) Le champ de pression

Pour mettre en place les grands ensembles, on peut commencer par repérer le tracé de l'isobare 1 015 hPa (trait plus épais), séparant les aires de hautes et de basses pressions. Dans ce cas, elle court d'ouest en est sur l'Atlantique le long du 50° de latitude N, puis remonte vers le nord le long des côtes norvégiennes. Il y a donc une aire de BP sur le quart NW de la carte, avec son noyau dépressionnaire creusé à 970 hPa à l'ouest de l'Islande. On peut y ajouter une esquisse de petite dépression sur l'Europe orientale. Tout le reste présente des hautes pressions, avec un centre anticyclonique sur la Russie (1 035 hPa) et un autre au sud-est des Açores (1 030 hPa). Le territoire français est à la marge de ce second anticyclone, sauf une partie du Nord incluse dans l'espace < 1 015 hPa.

2) L'organisation des flux

Deux caractéristiques sont à analyser : la direction et l'intensité.

Pour la direction, il suffit de suivre les isobares, en prenant garde de tourner autour des anticyclones dans le sens horaire, autour de dépressions dans le sens anti-horaire. Ainsi le flux est d'ouest (très légèrement sud-ouest) sur le golfe de Gascogne, de nord-ouest sur Londres, de sud-est à Stockholm, de sud à Reykjavik...

Pour l'intensité, il suffit de considérer le gradient barométrique horizontal visualisé par l'écartement des isobares : très serrées sur la mer de Norvège, elles témoignent d'un flux (de sud) très vif ; très espacées des Açores à la Méditerranée centrale, elles indiquent une très grande faiblesse des flux.

Sur la France, le flux prend un peu de vigueur du sud au nord. D'ouest sur la façade Atlantique et le Massif central, il passe à nord, des Alpes à la Provence-Côte-d'Azur. Sur le nord du pays, il tourne, passant de nord-ouest près des côtes, à sud-ouest à l'intérieur...

Fig. 72 – **Cartes synoptiques du 02-03-1994**
(a) au niveau de la mer. (b) au niveau 500 hPa.

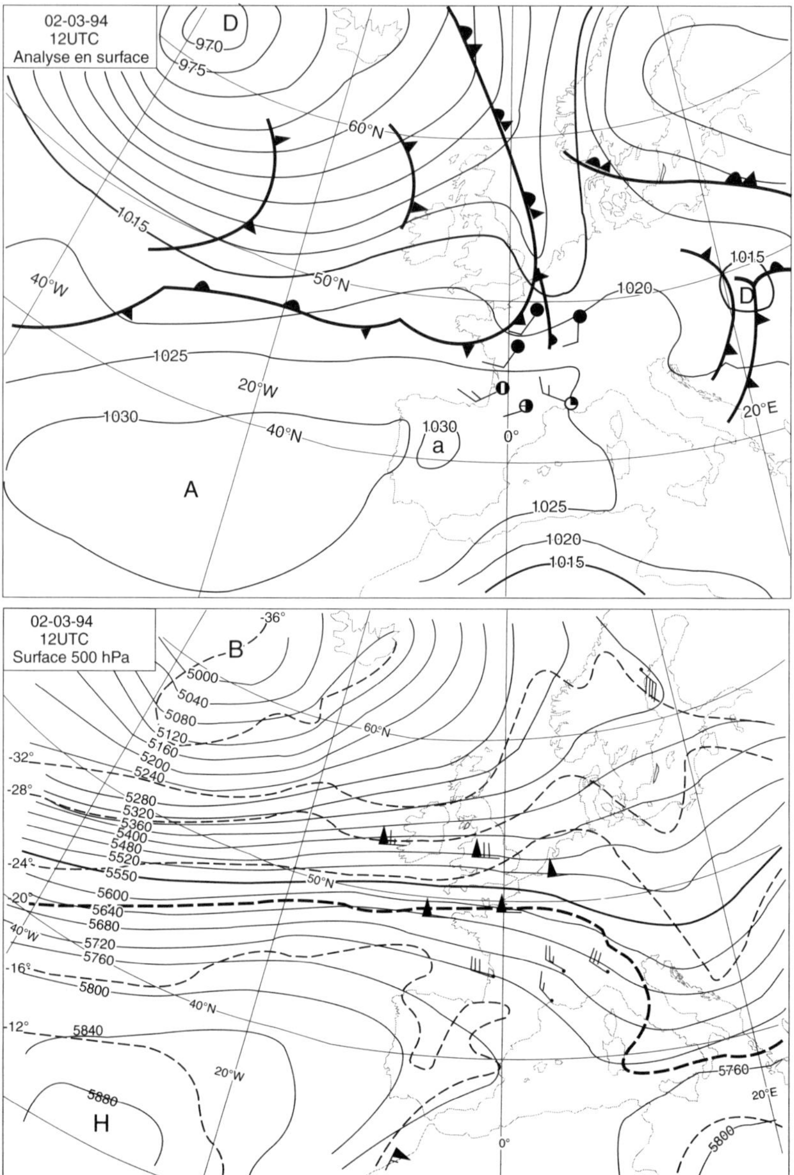

Source : Météo France : Météo hebdo

Fig. 73 – **Données stationnelles (en France) le 02-03-1994**

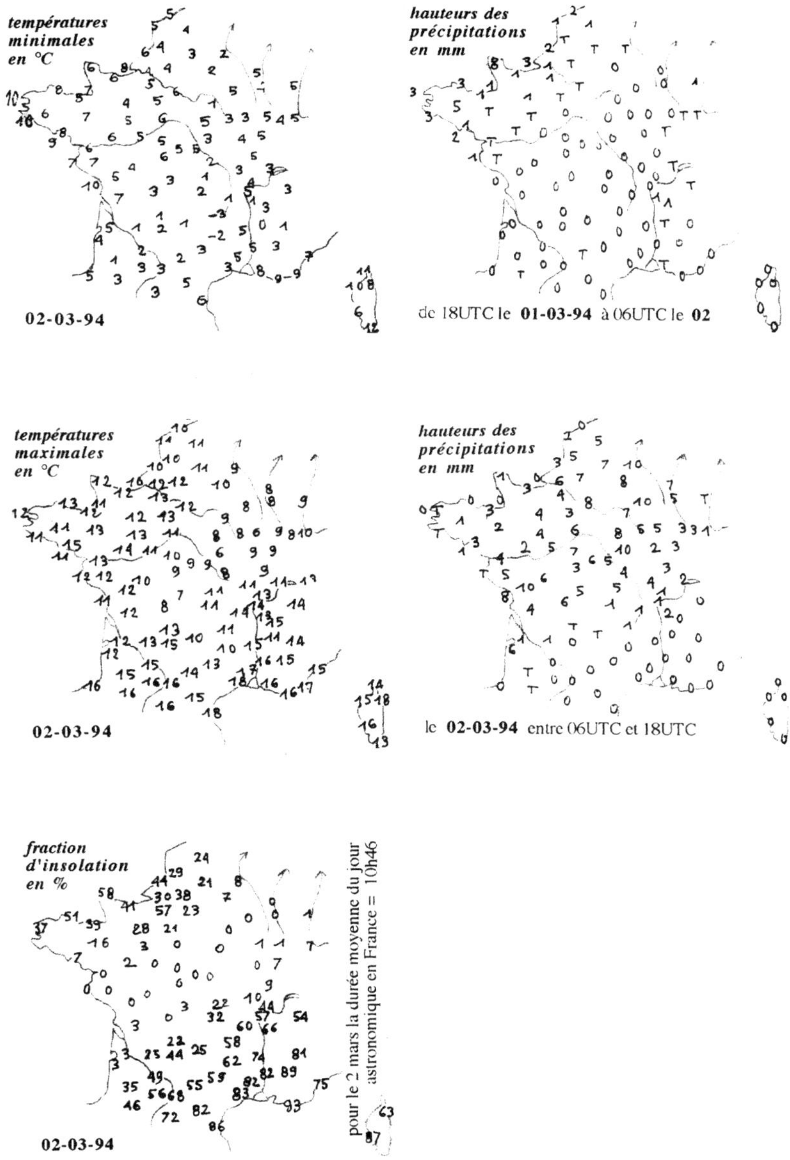

3) Position et trajectoire des systèmes perturbés

Les perturbations ne sont repérables ici que par la trace au sol de leurs divers fronts. On voit à l'est de la carte des fronts ayant circulé sur l'ouest de l'Europe quelques jours auparavant. Une perturbation arrivant de plein ouest (voir la direction des flux) aborde l'Europe : un court front chaud, une longue occlusion allant (sans doute) s'enrouler en vortex au-delà de l'Islande, un front froid étiré vers l'ouest et sujet à quelques ondulations. À l'ouest des îles Britanniques elle est suivie par deux fronts froids secondaires (bouffées d'air plus froid).

À 12 heures TU, heure de la carte, le front chaud a dépassé Paris et s'avance vers l'est. Paris est pour peu de temps dans le secteur chaud car le front froid vient de passer sur le Nord-Ouest où s'installe la traîne de la perturbation. Les midis aquitain et méditerranéen sont en position marginale.

4) Les données stationnelles

Comme elles demandent une lecture fine — et sont peu lisibles — on n'en a conservé que quelques-unes. Le cercle indique la position de la station. La gradation du blanc au noir symbolise l'état du ciel, de dégagé (0 octa) à complètement couvert (8 octas, c'est-à-dire 8/8, totalité du ciel) à l'heure de l'observation (12 heures). La « flèche » attenante au cercle montre la direction du vent. Il s'agit du vent localement ressenti (et non du flux synoptique) ; il s'agit de la direction d'où vient le vent : ainsi SW à Bordeaux et Paris, WNW à Marseille… Les barbules fixées à la flèche schématisent la vitesse du vent : une courte 5 nœuds, une longue 10 nœuds : ainsi 10 nœuds à Paris, 15 à Bordeaux… On rappelle qu'un *nœud* correspond à un mille marin à l'heure et qu'un mille vaut 1 852 m (à ne pas confondre avec un mile anglais qui vaut 1 609 m). On n'entrera pas dans le détail des symboles indiquant les types de nuages élevés et bas vus par les observateurs, ni celui des diverses indications thermiques (voir la légende sur les couvertures des bulletins Météo-hebdo).

Commentaire de la carte de moyenne troposphère, dite « surface 500 hPa »

Ce document pose un problème d'interprétation. Pendant des décennies, on a considéré qu'il était primordial, parce qu'en altitude se situaient les faits déterminants dont l'image au niveau 0 n'était qu'un reflet : l'altitude commandait le bas ! On est beaucoup moins péremptoire aujourd'hui : les relations de cause à effet sont certainement beaucoup plus complexes. La prudence pousse à faire des deux niveaux deux facettes d'un même système.

Les tracés en traits pleins sont des *isohypses* (si l'on veut des courbes de niveau). Elles disent à quelle altitude « géopotentielle » se situe la pression choisie : 500 hPa. L'intérêt de ce niveau est qu'il divise la masse atmosphérique en deux parties à peu près égales : la masse de l'air situé au-dessus équivaut à celle située au-dessous. Il se situe en moyenne vers 5 560 m d'altitude (trait plus épais).

Cartographier les isohypses du niveau 500 hPa équivaut pratiquement à cartographier la pression que l'on mesurerait à 5 560 m. Si bien que les secteurs les plus bas, marqués B, correspondent aussi à ceux où la pression est faible, les plus hauts, marqués, H à ceux où la pression est élevée.

Les tracés en tiretés sont des isothermes donnant la température à cette altitude, dessinées de 4° en 4 °C, bons indicateurs de l'origine des masses d'air, par exemple : à –12 °C, il s'agit d'air chaud tropical ; à –30 °C, pas d'hésitation, il est polaire.

Les flèches à barbules précisent la direction du courant (terme qualifiant le flux d'altitude), ainsi que leur vitesse : pour ne pas multiplier les barbules, on indique 50 nœuds à l'aide d'un triangle.

Le 2 mars 1994, l'isohypse 5 560 coupe pratiquement la carte en deux, d'ouest en est : les basses pressions du nord correspondent à l'air froid polaire, les hautes pressions du sud à l'air chaud tropical ; elle passe tout au nord de l'Hexagone, suivie légèrement au sud de l'isotherme correspondant à la température moyenne à ce niveau : –20 °C. Le courant, presque zonal, est très vif sur l'Atlantique vers 50° de latitude N, à en juger par le resserrement des isohypses et il est probable qu'un courant-jet se situe juste au-dessus. Le courant est vif encore sur l'Europe : 70 nœuds au-dessus de Londres ; il ralentit un peu sur la France (les isohypses s'espacent), en conservant sa trajectoire d'ouest, avant d'esquisser une petite ondulation sur l'Europe centre-orientale. Il s'avère donc que la circulation est bien d'ouest à tout niveau. La similitude est assez poussée entre haut et bas, particulièrement sur l'Atlantique ; par 20° de longitude E, la petite ondulation à courbure cyclonique surmonte la petite dépression. Une seule différence notable : alors que l'anticyclone méridional est surmonté de hautes pressions et d'air tropical, celui de Russie se situe sous des pressions plutôt basses et de l'air froid. Le premier très épais est considéré comme un anticyclone dynamique où la subsidence joue à tout niveau ; le second comme un anticyclone thermique (ou pelliculaire) où la subsidence ne joue qu'en basses couches et résulte de l'effet radiatif sur le continent encore froid à ce moment de l'année.

Commentaire de la petite carte de l'ensoleillement

Elle est dite carte de « fraction d'insolation » parce qu'elle indique non pas la durée en heures pendant laquelle le soleil a brillé dans les diverses stations, mais le pourcentage de soleil visible rapporté à la durée du jour. Cette méthode permet mieux de saisir l'ambiance et de faire des comparaisons entre saisons.

La carte du 2 mars 1994 est découpée en trois bandes sud-ouest - nord-est :

– en position centrale, de la Gironde à la Lorraine, le temps est resté bouché avec le passage successif de la « tête », du « corps » et de la traîne de la perturbation ;

– au sud - sud-est, le soleil a été beaucoup plus visible, autour de la moitié du temps dans le Bassin aquitain qui a dû se couvrir dans l'après-midi avec l'avancée du système, nettement plus autour de la Méditerranée, plus marginale et mieux abritée ;

– au nord-ouest, les valeurs, décroissantes de la côte vers l'intérieur, témoignent du progressif dégagement du ciel à mesure que la traîne succédait au front froid ; le dégagement a été tardif à Paris (23 % seulement).

Commentaire des petites cartes des précipitations

Il convient ici de saisir les différences liées soit à la situation des stations soit à la progression des systèmes pluviogènes. Les valeurs sont arrondies en mm, T signifie « traces » (précipitations trop faibles pour être mesurables), 0 indique l'absence de chutes.

Les chutes de la nuit du 1er au 2 mars ont été très réduites. On peut cependant juger de l'approche du système perturbé par l'ouest aux faibles chutes sur Bretagne et Normandie.

Les chutes de la journée du 2 mars sont plus notables, spécialement du Poitou-Charentes à la Champagne ; au nord-ouest elles sont moindres car, après le passage du front froid, la traîne va en s'éclaircissant ; vers le sud-est elles sont nulles puisqu'on est à l'avant, ou en marge, ou abrité du système.

Commentaire des petites cartes des températures

Il convient ici de dégager les contrastes (ou nuances) provinciaux, voire régionaux, et de jauger le niveau thermique de la journée à l'aune des valeurs de saison.

Les minima de la nuit du 1er au 2 mars sont « de saison », guère contrastés : ainsi il fait aussi frais dans le Sud-Ouest (déperdition forte par nuit claire) que dans le Nord-Est (peu de déperdition par nuit couverte). Les valeurs les plus basses correspondent à des fonds de vallées (des gelées sans doute par inversion) ; les plus élevées s'expliquent par l'effet littoral surtout sensible en Bretagne (à cause du flux d'ouest).

Les maxima sont relativement doux ; ils ne restent en dessous de 10 °C que du Centre au Nord-Est, en l'absence de soleil. Ils dépassent cette valeur tant dans l'Ouest (l'air océanique vient de latitudes moyennes), que le Sud-Ouest (dans l'air contournant l'AST) et le Sud-Est, où l'ensoleillement compense le faible flux de nord (jusqu'à 18 °C à Perpignan).

L'amplitude nycthémérale reste limitée, ne dépassant 10 °C que du Sud-Ouest au couloir rhodanien. Elle est même dérisoire sur l'Ouest baigné par des flux océaniques homogènes.

Au total, une journée plutôt douce, thermiquement assez peu contrastée, modérément arrosée sur la plus grande partie du territoire, mais montrant néanmoins l'avantage des midis, surtout le méditerranéen…

Deuxième exemple : le 26 mars 1992

Prenons maintenant le cas du 26 mars 1992, une journée plus fraîche, plus contrastée thermiquement, plus arrosée parce qu'elle a connu un tout autre style de circulation (**figures 74 et 75**). Le lecteur peu entraîné aura intérêt à reprendre l'analyse systématique, à l'image du cas précédent. On se contentera d'énoncer les grands traits pour l'aider dans sa démarche. Le temps d'abord :

– un ensoleillement réduit, ne dépassant le 1/3 du jour que sur Bretagne et Provence-Côte d'Azur ;

– des précipitations nocturnes assez copieuses sur Nord-Ouest et Ouest ; des précipitations diurnes généralisées (Est excepté), régionalement abondantes, ainsi au pied des Pyrénées ;

– des minima plus bas partout (de 4 °C à Paris), sauf sur le littoral Pas-de-Calais et Manche et dans le Sud-Ouest ; des maxima inférieurs de 5 °C en moyenne, un peu moins dans l'Ouest et sur la Côte d'Azur ;

Les caractéristiques de la situation, propres à expliquer ces ambiances, ensuite :

– un anticyclone atlantique très étiré vers les hautes latitudes ; une immense aire dépressionnaire sur tout l'est de la carte ;

– un flux méridien de nord très vif à l'ouest de l'Europe, touchant l'ouest de la France ; une organisation diversifiée plus à l'est et un flux lent de sud-sud-ouest sur la France du nord-est ;

– en plus des perturbations baltique et méditerranéenne, un système dégringolant de plein nord dont le front froid atteint les Pyrénées à midi, tandis que le front occlus stagne du Massif central à la Laponie ;

– à 500 hPa, une circulation à méandres très prononcés : grande crête sur l'Atlantique ; immense vallée sur l'Europe et le Maghreb avec de l'air très froid en altitude. Cette structure favorisant les ascendances sur l'Europe est encadrée par un courant-jet de nord - nord-ouest, de l'Islande à l'Espagne ; un courant-jet moins vigoureux de la Tunisie à la Russie.

Troisième exemple : le 22 mars 1995

Enfin un troisième jour, le 22 mars 1995, qui ne ressemble à aucun des deux précédents (**figure 76**). Inutile de fournir la carte de l'ensoleillement, pratiquement supérieur à 90 % partout en France. Même constat pour les précipitations : 0 mm partout, la nuit comme le jour. L'essentiel de l'explication doit porter sur les températures. Les minima sont partout négatifs (par exemple – 5 °C à Clermont), sauf à Paris (0 °C) et sur les littoraux breton, atlantique et méditerranéen. Les maxima dépassent partout 10 °C, et 15 °C dans le Sud-Ouest et le Sud-Est littoral.

L'analyse de la carte synoptique (niveaux 0 m et 500 hPa), selon la procédure habituelle, expliquera facilement ces valeurs ainsi que l'amplitude nycthémérale plutôt forte (jusqu'à 18 °C à Auch et Clermont). Un indice : pour saisir la douceur de l'après-midi au pied des Pyrénées (17 °C à Saint-Girons, 18 °C à Pau, 19 °C à Biarritz), examinez le tracé de l'isobare 1 030 sur la chaîne : quelle trajectoire ? donc quelle dynamique verticale et quel effet thermique ?

Fig. 74 – **Cartes synoptiques du 26-03-1992**
(a) au niveau de la mer. (b) au niveau 500 hPa.

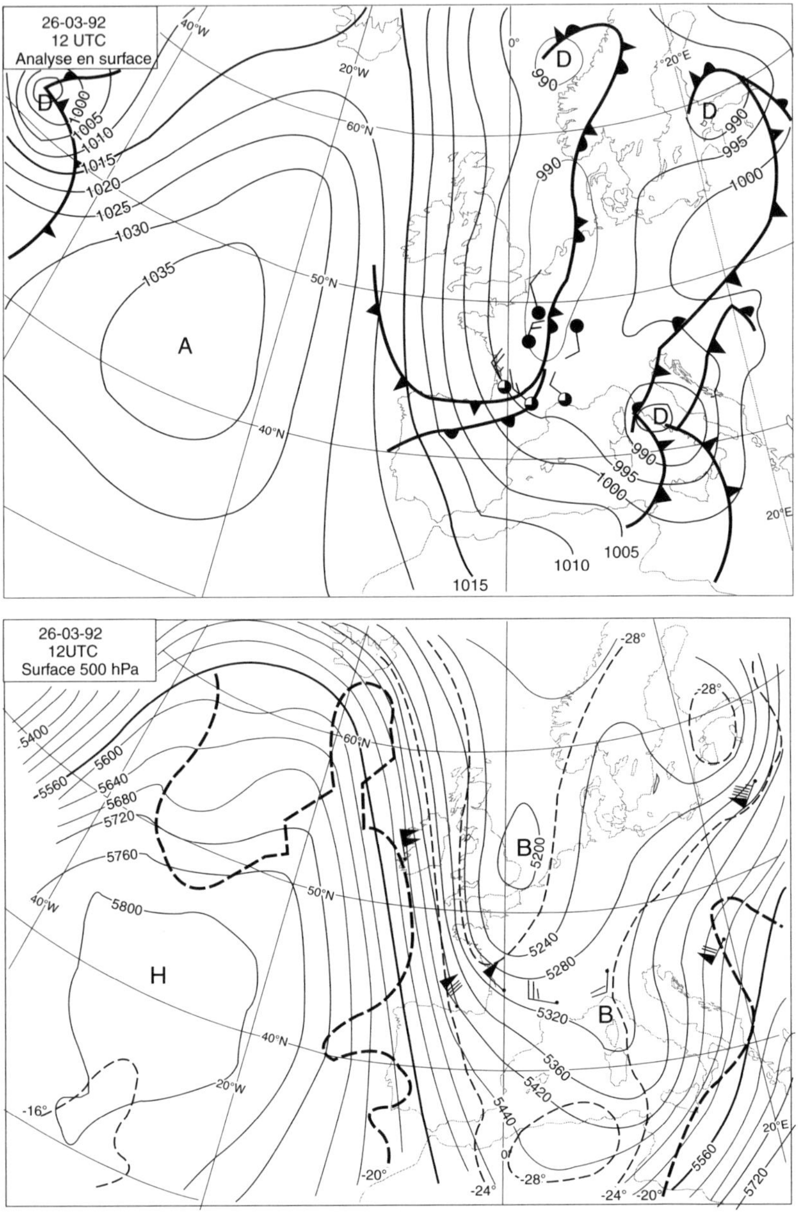

Source : Météo France : Météo hebdo

Fig. 75 – **Données stationnelles (en France) le 26-03-1992**

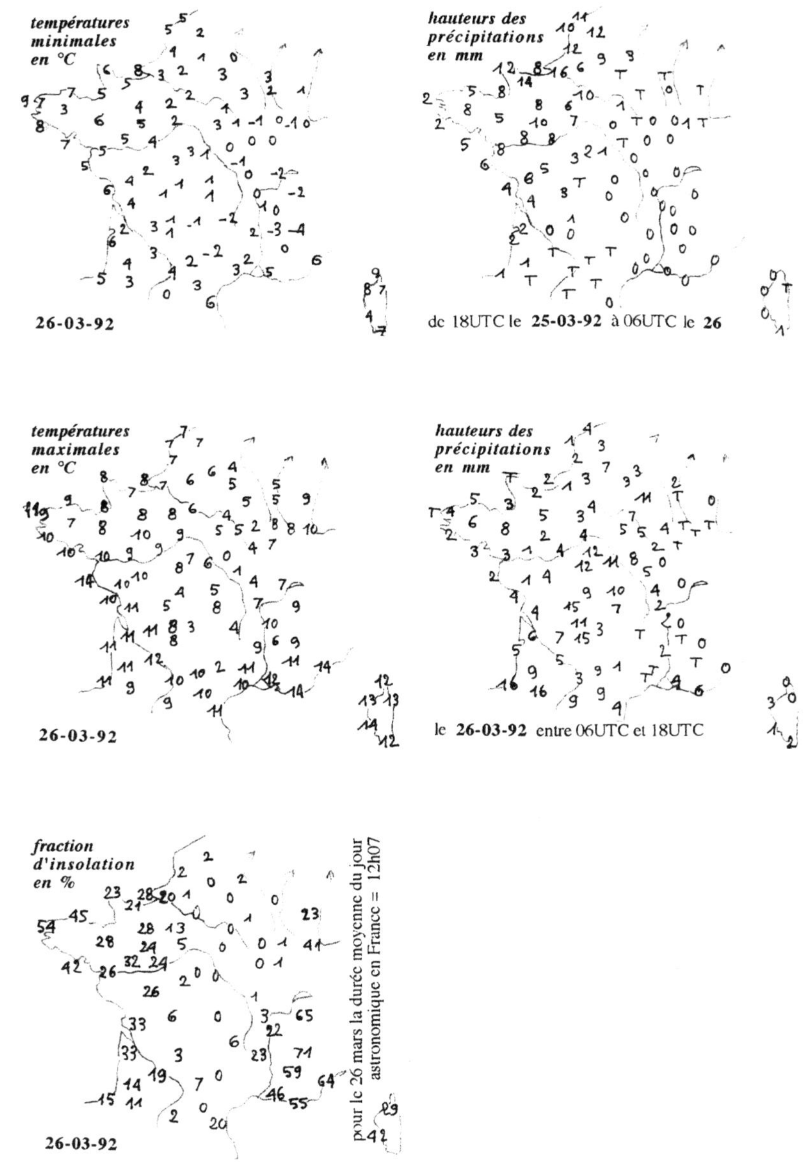

Fig. 76 – **Cartes synoptiques du 22-03-1995 (a) au nveau de la mer. (b) au niveau 500 hPA.**

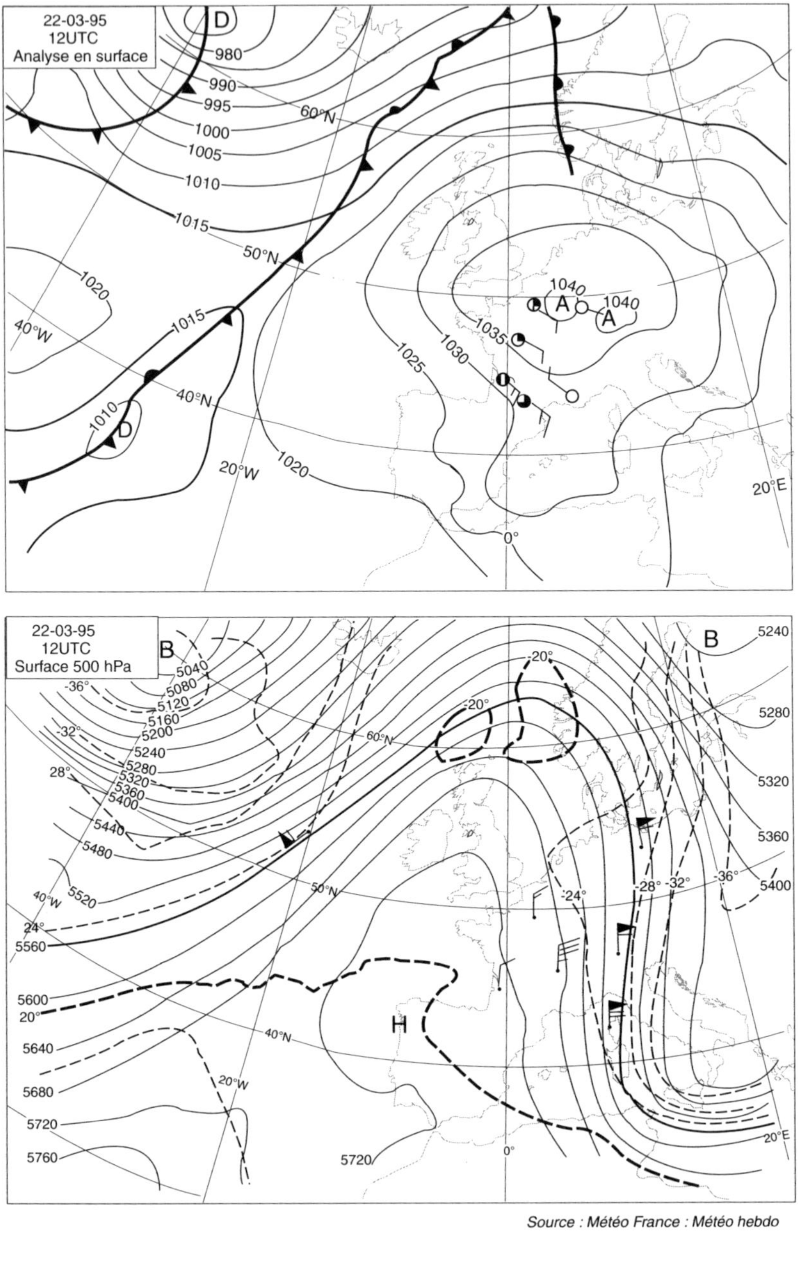

Source : Météo France : Météo hebdo

LA SÉCHERESSE

Les problèmes de définition

> Est-il un terme plus familier que sécheresse ? Est-il un concept plus flou ? Certains placent la notion sur le seul plan climatique. La sécheresse peut alors apparaître comme un déficit pluviométrique ; reste à fixer la valeur de référence : la normale (c'est-à-dire la moyenne trentenaire) ? La médiane ?, puis à déterminer l'écart à partir duquel le déficit peut être considéré comme significatif : 10 %, 20 %, 50 % ? Une démarche qui dans tous les cas est sans grande signification physique. Chez d'autres, la sécheresse apparaît comme l'expression d'une période (suite de jours) sans précipitations véritables ; reste à s'accorder sur la durée. Ce sont là des approches d'un intérêt limité, bien éloignées du concret ressenti par les individus que les phénomènes regroupés sous cette même appellation peuvent toucher. Se fonder sur les besoins de la société n'est guère plus satisfaisant puisqu'ils s'accroissent avec le développement et augmentent sans cesse la fréquence de la sécheresse pour des raisons non naturelles. [...] À lire certains, la sécheresse connoterait un caractère anormal [et des conséquences catastrophiques. Il apparaît donc indispensable de faire une] différenciation entre :
>
> – d'une part, les sécheresses dont la place est clairement assignée dans l'année avec un retour plus ou moins régulier. [...] Dans ce premier cas, on parlera de *sécheresse structurelle* (composante de la trame ordinaire du climat) ;
>
> – d'autre part, celles qui frappent des lieux inhabituels ou prennent une intensité remarquable en des lieux où elle est familière. Dans ce second cas, on parlera de *sécheresse accidentelle* d'occurrence soit peu fréquente, soit rare, soit exceptionnelle.
>
> Extrait de J.-P. Vigneau, *L'eau atmosphérique et continentale*, Paris, SEDES, 1996, 192 p.

Cette distinction, indispensable, ne suffit pourtant pas pour délimiter les moments de sécheresse, pour connaître sa durée et apprécier son intensité. Puisque la sécheresse implique l'eau, il convient de demander leur avis aux spécialistes du cycle de l'eau : les hydrologues.

> Le mot sécheresse n'a pas été défini par ceux qui l'emploient ; or tout seul, sans adjectif qualificatif, il ne veut rien dire. Il faut préciser ce qui est sec, desséchant ou desséché. [...] La sécheresse est une pénurie, un manque d'eau, d'une quantité donnée, face à des besoins précis dans le temps, dans l'espace.[...] Le géographe hydrologue est alors amené à définir quatre sécheresses dépendantes les unes des autres mais dans un certain ordre, au double sens d'ordonnancement, organisation, et de

commandement, parce que l'une précède et commande l'autre et les autres :
– la *sécheresse atmosphérique*. Elle apparaît chaque fois que pour un laps de temps donné, l'atmosphère prélève plus d'eau qu'elle n'en apporte. Alors le linge sèche sur le fil ! On peut écrire pour ce laps de temps : E (évapotranspiration) > P (précipitations). Si elle perdure, cette première sécheresse tend au dessèchement des sols ;
– la *sécheresse pédologique*. Elle consiste dans l'épuisement progressif de la réserve utile (RU) du sol, voire de toute son eau de rétention capillaire (C). Elle peut être poussée jusqu'au flétrissement des plantes sans enracinement profond. Toute pluie nouvelle doit alors d'abord satisfaire cette capacité C, si bien que la prolongation de la sécheresse pédologique entraîne à son tour les deux suivantes ;
– *la sécheresse potamologique* (ou *hydrographique*). Les rivières locales, drainant des versants desséchés, ne sont plus alimentées que par les nappes souterraines ; c'est la phase de tarissement qui, en se prolongeant, aboutit à l'étiage, voire au tarissement absolu, l'assec, si les réserves souterraines sont très faibles ;
– la *sécheresse phréatique*. Les nappes, n'étant plus réalimentées, ne cessent de se vidanger. Elles peuvent s'abaisser au-dessous du niveau des sources qui tarissent à leur tour.

D'après R. Lambert, *la sécheresse dans le bassin de la Garonne*, Toulouse, 1990 et *Géographie du cycle de l'eau*, Toulouse, PUM, 1996, 439 p.

A priori, c'est la sécheresse atmosphérique qui, d'abord, intéresse le géoclimatologue. Toutefois, les autres peuvent lui servir à préciser l'intensité du phénomène. Il convient donc de savoir les estimer, au moins de façon empirique.

Les problèmes de détermination

Diverses méthodes ont été proposées pour cette évaluation :

– indirectes. Lorsqu'on ne savait pas bien cerner l'évapotranspiration, on se fondait sur la mise en rapport des températures (chargées de suggérer le pouvoir évaporant de l'atmosphère) et des précipitations ;

– directes. Dans les années 1930, l'agronome américain Thornthwaite créa le concept *d'évapotranspiration potentielle* (*ETP*), définie comme « l'évapotranspiration d'un sol couvert par une végétation en pleine pousse végétative, le sol étant toujours bien alimenté en eau », à bien distinguer de l'évapotranspiration réelle (*ETR*). Cette ETP a permis de définir comme climatiquement sèche toute saison ou période pendant laquelle les précipitations restent inférieures aux besoins de la végétation. À la formule proposée par Thornthwaite, pour le calcul d'ETP, de nombreuses améliorations ont été apportées qui prennent en compte, outre la température, l'humidité, l'ensoleillement, la radiation solaire…

Certes, l'ETP est une donnée théorique, non expérimentale ; néanmoins elle constitue une bonne caractérisation des conditions climatiques. Elle fournit par simple différence [P(précipitations) – ETP] les *bilans climatiques* mensuels et annuel. Et, une fois estimées les capacités du sol, elle sert au calcul rapide de divers paramètres :

– le *déficit hydrique* qui survient quand P < ETP et que les réserves sont épuisées, et qui constitue une bonne image de la sécheresse ;

– le surplus hydrologique, dégagé quand les réserves sont pleines, qui s'écoule dans le réseau ;

– et finalement l'ETR.

Le tout peut donner lieu à une représentation graphique : ici l'exemple de Marseille (**figure 77**).

Dans le cas où les valeurs radiatives font défaut, ou pour procéder simplement, il est possible d'utiliser une méthode indirecte, fondée sur la lecture des diagrammes ombrothermiques (voir **p. 181**). H. Gaussen avait formulé l'hypothèse, que beaucoup utilisent encore, selon laquelle un mois est sec quand p < 2t (p = précipitations du mois ; t = température moyenne). Pourtant, R. Lambert a signalé que ce rapport, de 1 à 2, sous-estime le phénomène (ce dont témoigne le tracé p = 2t sur la figure 41 : quel jardinier pourrait souscrire à la totale absence de sécheresse dans la région parisienne !) ou du moins que sa signification en est trop imprécise. En revanche, il a montré que l'on peut cerner nature et intensité de la sécheresse en faisant varier ce rapport P/T. « L'observation du terrain et l'étude des hydrogrammes prouvent que… » :

– quand p < 4t, le mois connaît la sécheresse atmosphérique ;

– quand p < 3t, la sécheresse pédologique se développe ;

– quand p < 2t, sécheresses potamologique et phréatiques peuvent s'établir, surtout si plusieurs mois consécutifs sont concernés.

Cette méthode est également illustrée par l'exemple de Marseille (figure 77). La comparaison atteste de la convergence des résultats des deux méthodes.

De la sécheresse à l'aridité

La sécheresse s'inscrit dans le temps : elle peut être brève, saisonnière, permanente… C'est justement sa permanence qui entraîne l'aridité (voir chapitre 5). L'aridité, au contraire, s'inscrit dans l'espace : un territoire peut être semi-aride, aride, hyperaride. Mais faire la distinction entre ces degrés implique des repères précis, que l'on peut trouver dans les paysages, mais qu'il est bon de rapporter à des caractéristiques climato-hydrologiques.

L'UNESCO a publié une carte (utilisée pour la figure 35) qui se fonde non pas exactement sur un bilan (tel P–ETP), mais sur un rapport P/ETP (en valeurs moyennes annuelles), c'est-à-dire sur une intensité de la sécheresse. Ainsi, il y est considéré que la semi-aridité commence avec P/ETP < 0,50 ; que l'aridité correspond à P/ETP compris entre 0,20 et 0,03 ; que l'hyperaridité règne quand ce rapport s'abaisse au-dessous de 0,03…

Il est également possible de partir du diagramme ombrothermique, en jouant sur les niveaux d'intensité qui viennent d'être présentés. Ainsi, on considérera que :

Fig. 77 – **Deux évaluations de la sécheresse à Marseille**

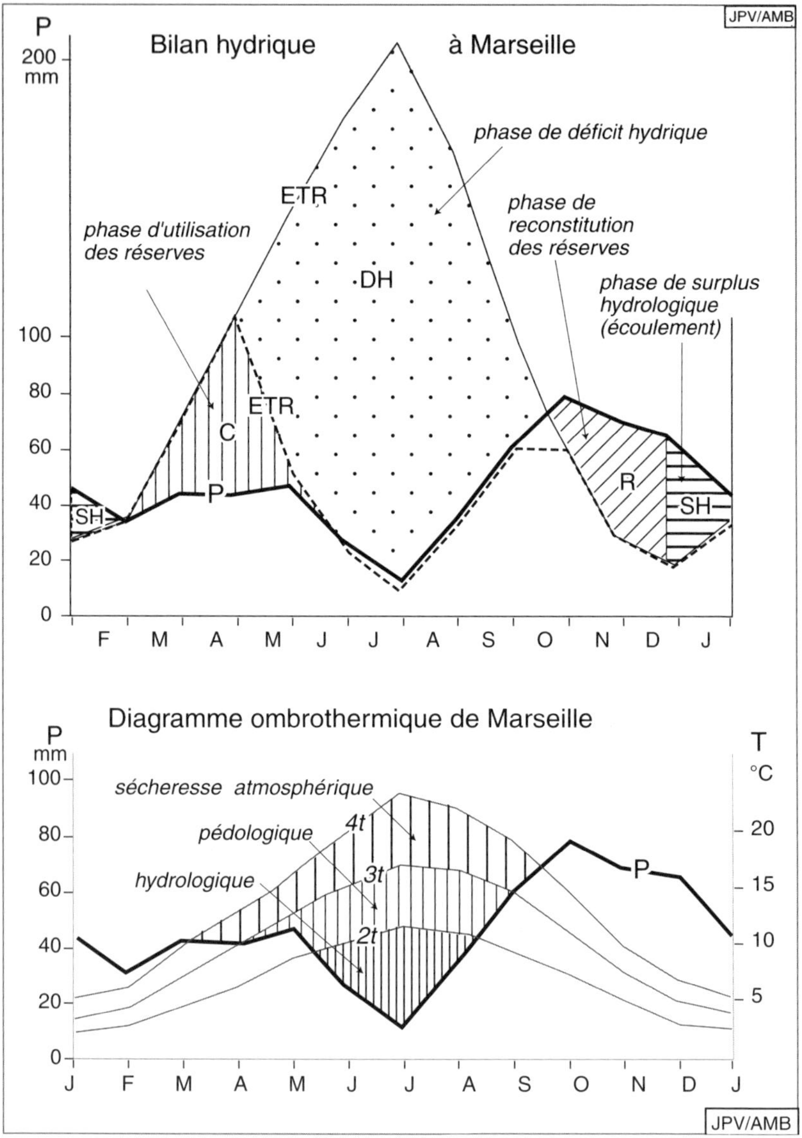

– la semi-aridité apparaît là où la sécheresse atmosphérique est permanente (les 12 mois moyens ont $p < 4t$) ;

– l'aridité apparaît là où la sécheresse hydrologique (c'est-à-dire hydrographique et phréatique) est permanente (12 mois avec $p < 2t$) ;

– l'hyperaridité correspond, grosso modo, aux secteurs où les 12 mois moyens ont p < t.

Fig. 78 – **De l'absence d'aridité à l'hyperaridité**

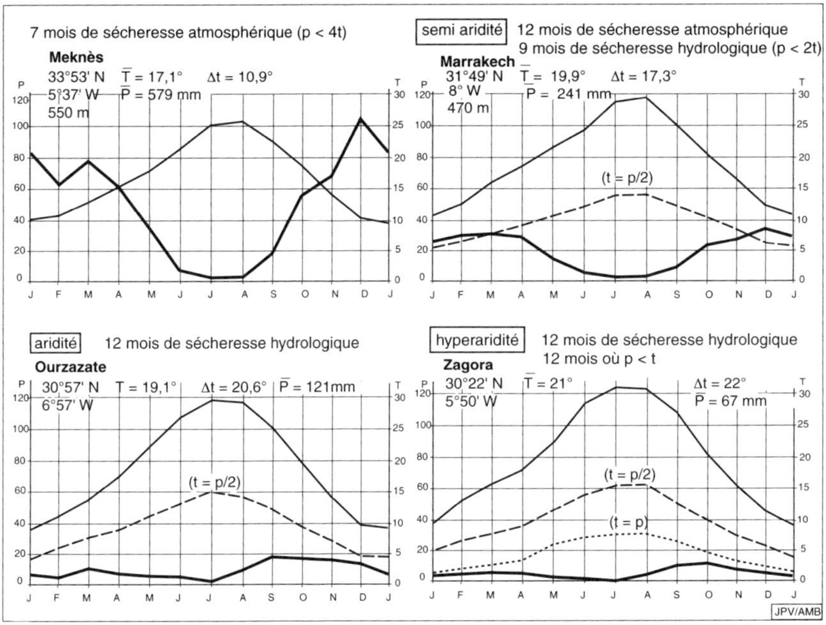

Cette différenciation est illustrée, ici, avec le cas du Maroc où le passage est rapide, du nord au sud, du climat supratropical de façade occidentale (qui n'a rien d'aride) aux trois niveaux d'aridité (**figure 78**).

LE PHÉNOMÈNE *EL NIÑO*

Les faits

Le terme Niño a d'abord qualifié une irruption d'eaux chaudes sur les côtes péruviennes, habituellement baignées d'eaux froides (courant de Humboldt et upwelling). Ce fait, récurrent mais irrégulier, participe d'un grand balancement ouest-est dans le Pacifique. D'ordinaire, les alizés poussent les eaux vers l'ouest ; il s'en accumule de très chaudes côté indonésien. Certaines années, cependant, le courant équatorial ouest-est prend de la force et ramène des masses considérables d'eaux chaudes du côté américain [**figure 79**]. Ce déplacement, qui s'accompagne d'un changement de profondeur de la thermocline, modifie la fourniture de chaleur à l'atmosphère : elle diminue à l'ouest et augmente à l'est, ce qui se répercute sur l'activité convective. Au plan climatique, il en résulte des précipitations « anormalement » abondantes sur le Pérou et l'Équateur. En outre, des « anomalies » graves se produisent dans toute la zone intratropicale : sécheresse dans des espaces aux moyennes très copieuses et fortes pluies dans des espaces aux moyennes médiocres ou faibles.[...] On appelle *téléconnexion* la réalisation en phase, ou grossièrement simultanée, d'événements affectant des espaces fort distants les uns des autres. [...] On comprend que l'ampleur du phénomène océanique l'ait fait considérer comme l'origine du bouleversement dans la distribution des pluies intertropicales et qu'on lui impute une influence sur les autres zones.

Extrait de J.-P. Vigneau, *Géoclimatologie*,
Paris, Ellipses, 2000, 334 p.

Fréquence et succès médiatique

Le phénomène *el niño* est un sujet à la mode, à tel point qu'il est parfois considéré comme le *responsable* du climat mondial. Depuis l'épisode de 1972-1973, puis surtout celui de 1982-1983, estimé comme ayant été « le niño du siècle », et davantage encore depuis celui de 1997-1998 jugé « sans précédent » et considéré comme « l'événement climatique du siècle », les événements *el niño* sont jugés *responsables des désordres climatiques* [...] des catastrophes climatiques récentes.

Extrait de M. Leroux, *La dynamique du temps et du climat*,
Paris, Dunod, 2000, 367 p.

L'explication « classique »

El niño (EN) est associé à l'*Oscillation Australe ou Southern oscillation* (SO), décrite par Walker en 1924 ; il est ainsi devenu ENSO. L'oscillation australe est la variation de la pression au niveau de la mer entre les

Fig. 79 – **La composante océanique du phénomène El niño**

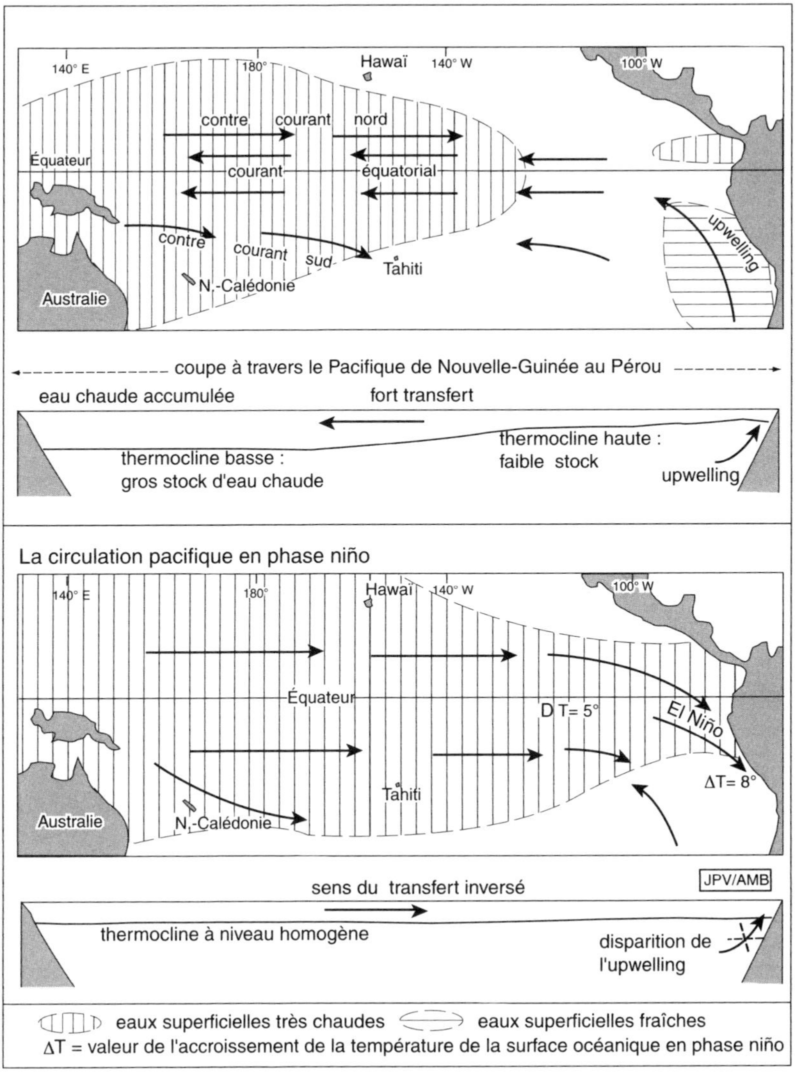

deux façades du Pacifique tropical. [...Elle] est exprimée par la différence de pression entre Tahiti (ou l'île Rapa, ou l'île de Pâques) d'une part, et Darwin, nord de l'Australie (ou Jakarta, Indonésie) d'autre part. Lorsque la pression est élevée à Tahiti, mais basse à Darwin [...], la température de surface de l'océan Pacifique central au voisinage de l'équateur est basse (épisode froid, *anti-niño* ou *niña*), mais à l'inverse quand la différence de pression devient minimale [...] on observe une *anomalie thermique superficielle chaude* connue sous le nom d'*el niño*.

Extrait de M. Leroux, *ibid.*

La théorie qui a été développée à partir de ces observations fait appel à l'existence de circuits organisés dans le sens zonal, appelés *cellules de Walker* (**figure 80a**). Il s'agit, en quelque sorte, de cellules fonctionnant dans un plan orthogonal à celui de la cellule de Hadley, et combinant leurs effets à ceux de cette dernière. Selon que l'on se trouve en situation de niña (« normale ») ou de niño, les aires de convergence/ascendance changent de position en longitude, comme celles de divergence/subsidence. Lors des niños, les aires les plus arrosées « glissent » donc de l'Amazonie aux Andes, d'Australie-Nouvelle Guinée vers le Pacifique central (et les îles de la Société) ; les pluies se réduisent en Afrique...

De nombreuses inconnues

« *Nous avons du mal à caractériser ces phénomènes*, affirme Pascal Delécluse, directrice de recherche CNRS [...] *Si on connaissait parfaitement leurs mécanismes et l'origine de leur déclenchement, on pourrait les prévoir à 100 %* » et anticiper leurs conséquences désastreuses. [...] Or malgré l'importance du réseau d'observation dans l'océan Pacifique, [le dernier El Niño] n'a pas été « vu » par l'ensemble des systèmes de prévision. Et pourtant *El Niño* est le phénomène climatique qui a les signaux les plus forts : élévation de la température de l'océan Pacifique central et oriental, faiblesse des alizés, gonflement brusque du niveau de la mer dans le Pacifique équatorial... Alors pourquoi ? « *Si des conditions comme l'accumulation de chaleur dans le Pacifique ouest sont nécessaires pour déclencher El niño, elles ne sont pas suffisantes*, explique la climatologue. *D'autres causes sont certainement liées à des événements de fine échelle qui ne sont encore pris en compte par les modèles. Nous sommes d'ailleurs sur la piste d'une succession de coups de vent qui auraient pu le déclencher en 1997* ».
Autre mystère, les « El Niño » les plus forts du siècle se sont produits ces vingt dernières années. Était-ce des événements purement fortuits ou étaient-ils liés au changement climatique ? Et le prochain sera-t-il aussi violent ? « *La réponse est ouverte*, poursuit la chercheuse, *mais ce qui est inquiétant, c'est que si nos modèles ne parviennent pas à prédire avec certitude des signaux aussi forts, je ne vois pas comment ils pourraient prévoir tous les autres événements climatiques* ».

Extrait du *Journal du CNRS*, n° 172, mai 2004.

Fig. 80 – **Deux explications de la composante atmosphérique du niño**

(a) Les cellules de Walker

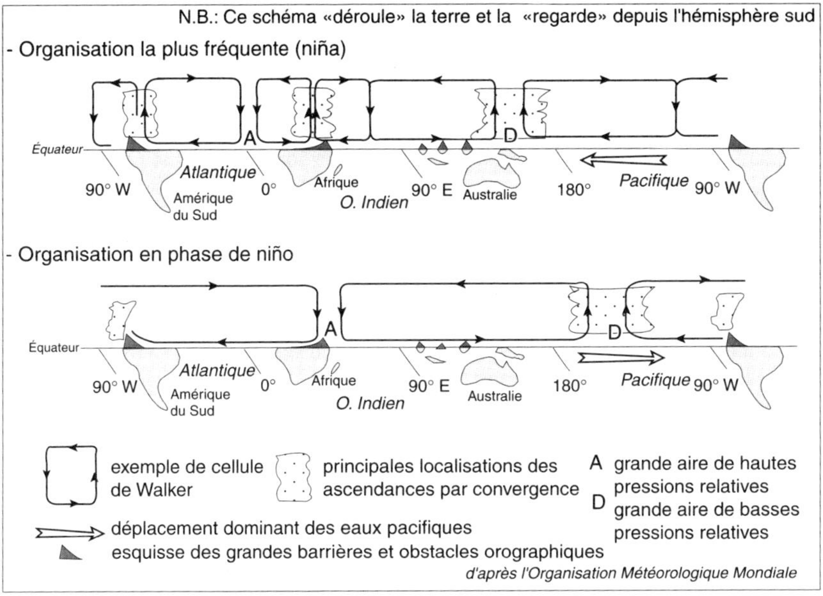

JPV/AMB

(b) L'expansion de l'hémisphère atmosphérique nord

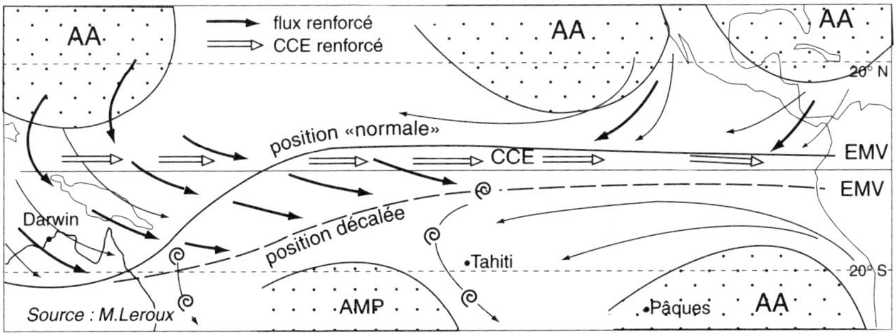

Une explication alternative

Une étude récente [... Gershunov 1999...] met en relation le temps en période hivernale sur le Pacifique nord et l'Amérique du nord d'une part, et l'occurrence des *niño* d'autre part.[...]
Un *el niño* correspond : à un Pacifique nord occidental et central froid, mais chaud à l'est à proximité du littoral ; à des perturbations intenses déplacées vers le sud ; à une AA des Hawaii décalée vers le sud et aux

pressions élevées ; à une vaste dépression aléoutienne creusée ; à un anticyclone anormalement fort sur le Canada (AMP plus puissants) ; à un hiver froid et pluvieux sur le sud des États-Unis (les AMP atteignent plus fréquemment le golfe du Mexique) ; à une côte ouest plus arrosée que la moyenne, notamment en Californie.
Une *el niña* correspond : à un Pacifique nord aux contrastes thermiques moins marqués ; à des perturbations plus nombreuses sur le nord de la côte ouest ; à une AA des Hawaii remontée vers le nord et se « bloquant » au large de la Californie ; à une dépression aléoutienne peu creusée, réduite et remontée vers le nord ; à un hiver moins pluvieux et plus chaud sur le sud des États-Unis (les AMP passant préférentiellement au nord des Appalaches pour rejoindre l'Atlantique) ; à une sévère sécheresse hivernale sur le sud de la côte ouest, notamment en Californie).
Toutes ces observations montrent de façon évidente qu'en association avec le froid boréal, un accroissement de la puissance des AMP, de l'intensité des perturbations, de la violence du temps, et du dynamisme de l'hémisphère météorologique nord se traduit par un glissement d'ensemble vers le sud de l'EMV sur le Pacifique, et sous lui du courant marin chaud équatorial de retour vers l'est [**figure 80b**].
Le phénomène *el niño* implique dans le Pacifique l'intervention de facteurs dynamiques puissants. [...] Ces facteurs, qui n'agissent pas nécessairement de façon simultanée, relèvent essentiellement de la même cause initiale, et par le déplacement de l'EM vers le sud traduisent une puissance accrue de l'hémisphère météorologique nord.

Extrait de M. Leroux, *ibid.*

Ou comment une autre théorie générale change la vision d'un grand mécanisme..., en attendant d'autres hypothèses. On notera qu'il s'agit, également, d'une pièce à porter au dossier du « réchauffement global » puisque, selon cette hypothèse, l'activité accrue du niño à la fin du XXe siècle correspond au refroidissement d'une partie de l'Arctique.

À suivre.

CONSTRUCTION D'UNE LÉGENDE POUR LA CARTE DES CLIMATS DE LA FRANCE

Vu le format de la carte (**figure 81**), la différenciation ne peut guère descendre au-dessous de l'ordre de grandeur de la région. Mais, plutôt que de chercher à délimiter des régions de façon largement arbitraire, mieux vaut faire référence à des logiques qui sous-tendent le découpage et tiennent compte à la fois des caractères physionomiques et des facteurs génétiques.

Une première logique se fonde sur la prise en compte des échelles :

– à l'échelle zonale. Le territoire national est traversé par une limite majeure, celle qui sépare la zone tempérée de la zone supratropicale ;

– à l'échelle de l'aire. S'agissant d'un espace continental, ce niveau ne peut apparaître que de façon indirecte, avec la perte progressive d'impact de l'océanicité depuis les côtes ;

– à l'échelle domaniale. Ce qu'il convient de faire apparaître, c'est le passage de l'océanisé au semi-océanisé, particulièrement subtil dans le quart nord-est ;

– à l'échelle provinciale. La distinction principale tient au contraste (portant sur température et ensoleillement mais non sur les précipitations) entre l'océanisé du nord (provinces armoricaine et parisienne) et celui du sud (province aquitaine) ;

– à l'échelle régionale. Il s'agit de suggérer la très progressive altération (par effet terrestre ou si l'on veut continental) des ambiances vers l'intérieur, vers la Lorraine ou le sud-est aquitain.

Une seconde logique introduit les manifestations de la transzonalité :

– toute la façade occidentale bénéficie de la variante maritime du type océanisé (avec ses nuances impossibles à représenter ici : côtière, littorale, d'arrière-pays) ;

– l'organisation du relief, qui contribue à l'individualisation des climats régionaux, crée des types spécifiques de la montagne.

Les figurés choisis sont disposés dans un schéma semi-abstrait chargé de souligner ces logiques et les relations entre types :

– le méditerranéen est nettement différencié par un figuré de forte valeur, destiné également à évoquer son style « brutal ». L'orientation des hachures est méridienne pour rappeler les directions dominantes de vents alternés et l'origine méditerranéenne de l'essentiel des pluies ;

– l'océanisé privilégie les hachures zonales pour signifier l'ouverture aux flux d'ouest, surtout dans sa variante maritime. Vers l'intérieur, elles interfèrent avec des tracés méridiens peu à peu plus marqués qui renvoient à l'effacement progressif de l'océanicité. Le contraste nord-sud utilise à la fois épaisseur et espacement des hachures, plus grands en Aquitaine pour signifier plus de soleil, plus de chaleur, des pluies plus intenses ;

Fig. 81 – **Les climats de la France**

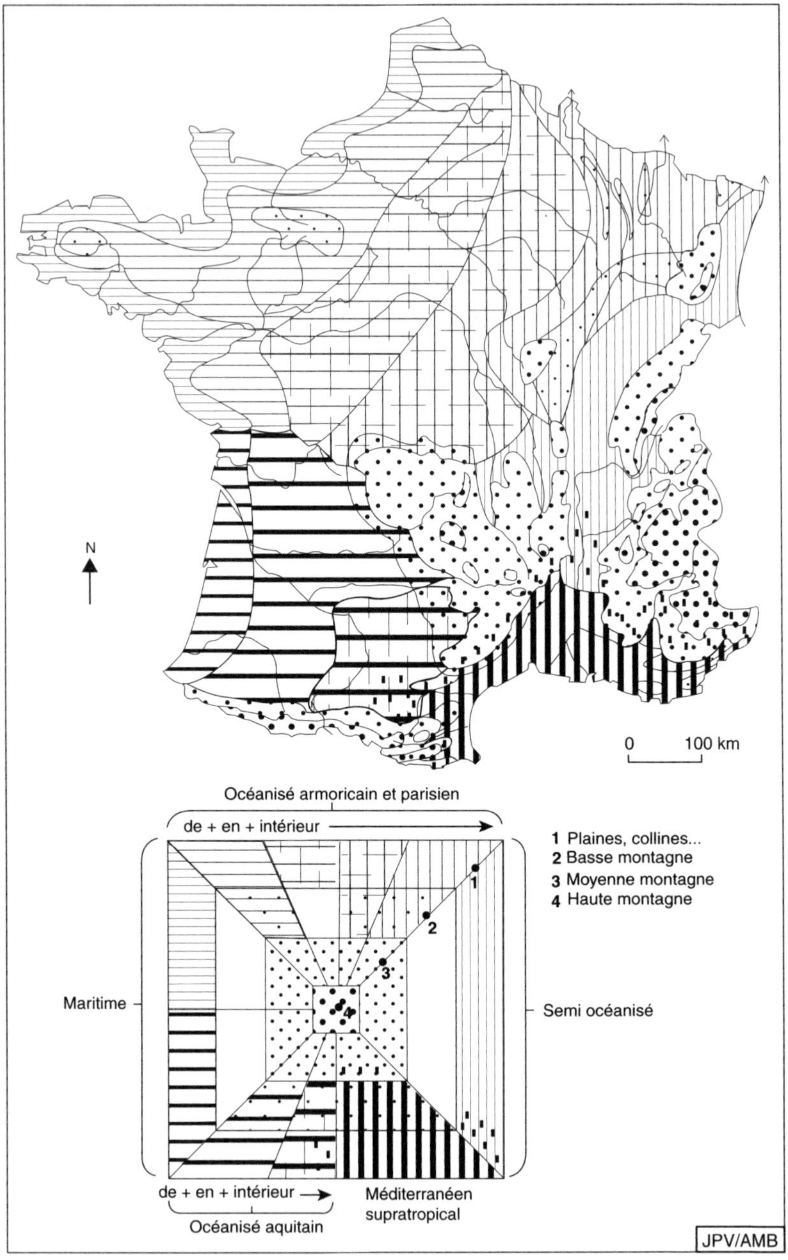

– le semi-océanisé reprend les hachures méridiennes, pour suggérer l'abri vis-à-vis de l'ouest, nettement plus fines que celles du méditerranéen, lui aussi abrité mais bien plus chaud ;

– le montagnard est individualisé par le choix d'un semis de points. Sur les basses montagnes, il vient se combiner aux figurés des divers climats régionaux, suggérant leur altération ; sur les moyennes et hautes montagnes, il est seul conservé afin d'insister sur les spécificités thermiques pluviométriques et autres des ambiances d'altitude.

On notera que le présent découpage diffère quelque peu de celui utilisé pour l'Europe (figure 40) dans lequel SE aquitain et vallée du Rhône sont rapprochés des climats semi-océanisés avec saison sèche (TCO3), faisant transition avec le méditerranéen. Cela tient d'une part à ce que l'échelle est différente : régionale (figure 81), domaniale (figure 40), d'autre part à ce que l'optique est différente : ici elle se limite aux nuances à l'intérieur d'un territoire bien précis. On en retiendra que toute classification est commandée par son contexte…, sans compter la subjectivité du classificateur.

UN EXEMPLE DE MALADIE MÉTÉOROSENSIBLE : L'INFARCTUS DU MYOCARDE

À la question de savoir si l'infarctus du myocarde est sous la dépendance du contexte climatique, la réponse s'avère moins évidente qu'il n'y paraît. Il serait vain de comparer la répartition spatiale de la maladie et celle du climat, tant l'analyse découvre d'autres facteurs étiologiques, dont certains beaucoup plus pesants que lui (niveau de vieillissement de la population, degré d'urbanisation, habitudes alimentaires : la géographie des maladies cardiaques obéit au double déterminisme de l'âge et du mode de vie, beaucoup plus qu'à celui du milieu naturel). Dans ces conditions, le seul rôle du climat que l'on puisse mettre en évidence n'est pas de préparer le terrain à la maladie, mais de fournir la chiquenaude qui, chez un sujet déjà prédisposé, déclenche le processus pathologique. Il s'ensuit que, pour individualiser les facteurs climatiques intervenant dans la pathogénie de l'infarctus, il convient de renoncer à raisonner sur les taux annuels. La variabilité interjournalière et intersaisonnière s'avère plus riche d'enseignements. Au pas de temps quotidien, on constate que les infarctus s'organisent en séries, ce que confirment les tests statistiques. De plus, par-delà les irrégularités interjournalières, il est rare que l'incidence se maintienne tout au long de l'année au même taux. Une coupe méridienne à travers le fuseau eurafricain permet de le vérifier, en distinguant de l'Arctique à l'équateur six rythmes saisonniers tranchés, dont la distribution obéit à une indiscutable logique zonale :

– Sur les *marges du monde polaire*, l'infarctus du myocarde présente un régime strictement monomodal, marqué par une énorme culmination hivernale.

– Aux *latitudes moyennes*, l'écart entre les saisons tend à se combler, surtout en milieu océanique. Mais, si les courbes se rapprochent de l'horizontale, elles n'en conservent pas moins un maximum unique, centré sur l'hiver. En France, le pic annuel a une probabilité de 95 % de se produire entre le 27 janvier et le 17 mars.

– La *rive nord de la Méditerranée* rompt doublement avec le schéma précédent. L'écart entre les saisons y redevient sensible et les régimes monomodaux reconnus aux latitudes plus élevées y font place à des régimes bimodaux : si le maximum principal reste localisé en hiver, un maximum secondaire fait son apparition en été. Le passage du régime monomodal au régime bimodal coïncide avec la limite traditionnelle du climat méditerranéen [...].

– Sur l'*autre rive de la Méditerranée*, Proche-Orient compris, le dédoublement du maximum reste la règle, mais la pointe estivale accède au premier rang.

– Le Maghreb assure ainsi la transition avec les *tropiques secs*, où l'on retrouve des régimes monomodaux, la culmination unique se produisant cette fois en été, tandis que l'hiver devient la saison la plus épargnée.
– Les *tropiques pluvieux* réservent le dispositif le plus complexe. Mais c'est aux basses latitudes que les recherches ont été les moins poussées, et, quoique loin d'être inconnues, les maladies cardiaques y ont une incidence plus faible qu'ailleurs, ne serait-ce que du fait de la relative jeunesse de la population. Pour toutes ces raisons, on hésite encore à proposer un schéma ayant valeur zonale. Dans la majorité des cas, on se trouve en présence de régimes modérément contrastés.

Fig. 82 – **Les rythmes de l'infarctus du myocarde**

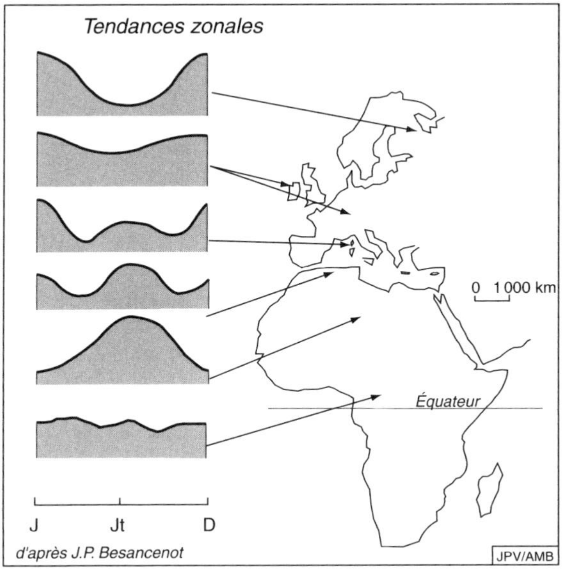

Ainsi, [...] les rythmes s'organisent selon une logique qui recoupe la mosaïque des climats de la Terre. Abstraction faite des particularités locales, ils sont presque toujours identiques dans différentes régions au climat comparable.
[...] Cela dit, la latitude n'est pas seule en cause. L'exposition aux vents continentaux de NW et NE contribue autant que l'implantation zonale à différencier les rythmes saisonniers de l'infarctus. Certes les courbes présentent en gros la même allure sur les riviéras et dans les secteurs soumis aux tramontanes. Mais, en situation d'abri, les écarts d'un jour à l'autre restent minimes, si bien que les accidents cardiaques s'éparpillent sur de longues périodes et que la courbe construite à partir des données quotidiennes apparaît déjà lissée. À l'inverse, dans les endroits

venteux, les risques majeurs se concentrent sur un petit nombre de jours, ce qui se traduit en dispositions vraies par des courbes en dents de scie. [...] Nombre d'auteurs se sont appliqués, dans les endroits les plus variés, à analyser le contexte météorologique de survenue de l'infarctus. Les résultats varient d'un climat à l'autre, même si l'on relève certaines constances comme la primauté de la variabilité du temps sur les valeurs absolues des différents paramètres climatiques. Dans la région parisienne, [...] le type de temps synoptique* ressort sans équivoque comme le meilleur des prédicateurs, rendant compte à lui seul de 21 % de la variance du nombre de cas cliniques. Les risques sont particulièrement majorés à l'arrivée d'un flux de secteur E à S. Bien qu'ils règnent seulement pendant 15,5 % de l'année, quatre types de temps voient se produire 59 % de tous les infarctus : une advection d'air d'origine méditerranéenne par vent de SE à S (2 % de l'année), un flux de NE à SE en situation anticyclonique (3,5 %) ou avec courbure cyclonique (3 %), enfin une advection d'air tropical maritime humide de secteur SW, ce qui suppose un centre dépressionnaire au sud de l'Islande (7 %). Suivent dans la liste des facteurs de risque, le secteur d'où vient le vent et sa vitesse, la pollution acido-particulaire ou photochimique et la présence d'une inversion thermique de basse couche.

Extrait de Jean-Pierre Besancenot, *Climat et Santé*, Paris, PUF, 2001, 128 p.

* Dans cet ouvrage, on dirait plutôt type de situation météorologique (voir l'introduction).

REPÈRES ET OUTILS

LE DIAGRAMME OMBROTHERMIQUE

Représenter sur un même graphique les températures et les précipitations, ces deux éléments constitutifs essentiels de l'ambiance, est une habitude ancienne. Mais longtemps, il ne s'est agi que d'une juxtaposition, d'ailleurs toujours pratiquée en certains pays.

Si l'on désire faciliter les comparaisons entre stations (et donc entre climats), il y a intérêt à « standardiser » le mode de représentation, en choisissant arbitrairement des ordonnées constantes, par exemple une même hauteur pour 10 °C et 10 cm (100 mm) de pluie (voir *Atlas 2000*, Nathan).

Mais on peut chercher à rendre l'image significative de l'ambiance, en jouant sur le rapport entre les deux grandeurs. Certes, diviser des degrés par des millimètres n'a évidemment aucun sens. Mais, de façon empirique, la corrélation peut donner des indications utiles. Ainsi, dans le premier tiers du XXe siècle, le botaniste-biogéographe Henri Gaussen proposa le rapport P = 2T : il plaçait au même niveau 20 mm et 10 °C, 40 mm et 20 °C, etc. Ce faisant, il voulait visualiser la sécheresse éventuelle. Il pensait, en effet, que cette dernière s'installe lorsque, pour un mois, le double de la valeur de la température, exprimée en degrés Celsius, excède les précipitations exprimées en millimètres. Selon lui, il y a donc sécheresse quand, sur son diagramme, la courbe des températures se situe au-dessus de celle des précipitations. Bien sûr, le système n'est pas transposable lorsqu'on utilise des degrés Fahrenheit et des inches...

Même si son approche peut être discutée, le principe mérite d'être retenu. Toutefois, d'autres rapports P/T peuvent être utilisés. C'est le cas sur la **figure 41** (p. 77) et les autres exemples présentés ici qui sont construits selon le rapport P = 4T, plus significatif au plan climatologique, car cernant mieux la sécheresse de l'atmosphère. On trouvera l'argumentation de ce choix dans le document « La sécheresse » p. 163.

Fig. 83 – **Climats océanisé intérieur aquitain et semi-océanisé rhodanien**

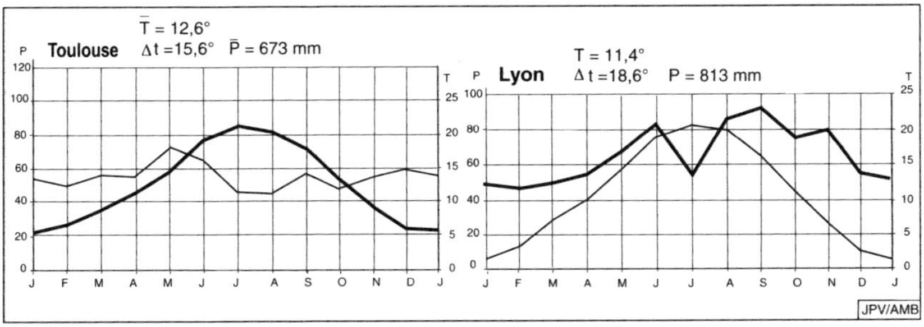

Pour saisir l'intérêt de cette méthode, on pourra comparer les diagrammes de Paris (figure 41), de Marseille (figure 77), et ceux de Lyon et

Toulouse présentés ici (**figure 83**). On s'appuiera sur la classification des climats de la France proposée au document « Carte des climats... » (figure 81).

Le diagramme ombrothermique constitue un appoint non négligeable à la description des climats. À titre de complément, on joint six diagrammes : deux de stations de la ZIT, deux de la ZST, deux de la ZT (**figure 84**). Leur examen doit se faire en parallèle avec la lecture de paragraphes correspondants des chapitres 6 et 7.

Pour qui voudra construire de tels diagrammes, voici des valeurs normales (trentenaires) pour deux capitales européennes :

Londres : température moyenne annuelle (T) : 10,3 °C ; amplitude thermique annuelle (ΔT) : 13,6 °C ; précipitations annuelles (P) : 583 mm

	J	F	M	A	M	J	J	A	S	O	N	D
T	4,2	4,4	6,7	8,9	12,2	15,6	17,8	17,2	15°	10,6	6,7	4,7
P	51	38	36	46	46	41	51	56	46	58	63	51

Berlin : T : 9,2 ; ΔT : 19,1; P : 602 mm

	J	F	M	A	M	J	J	A	S	O	N	D
T	– 0,1	0,8	3,9	8,6	13,7	17,3	19°	18,1	14,6	9,4	4,1	1°
P	48	40	29	46	51	61	79	65	44	51	49	39

Fig. 84 – **Exemples de la diversité climatique dans trois zones**

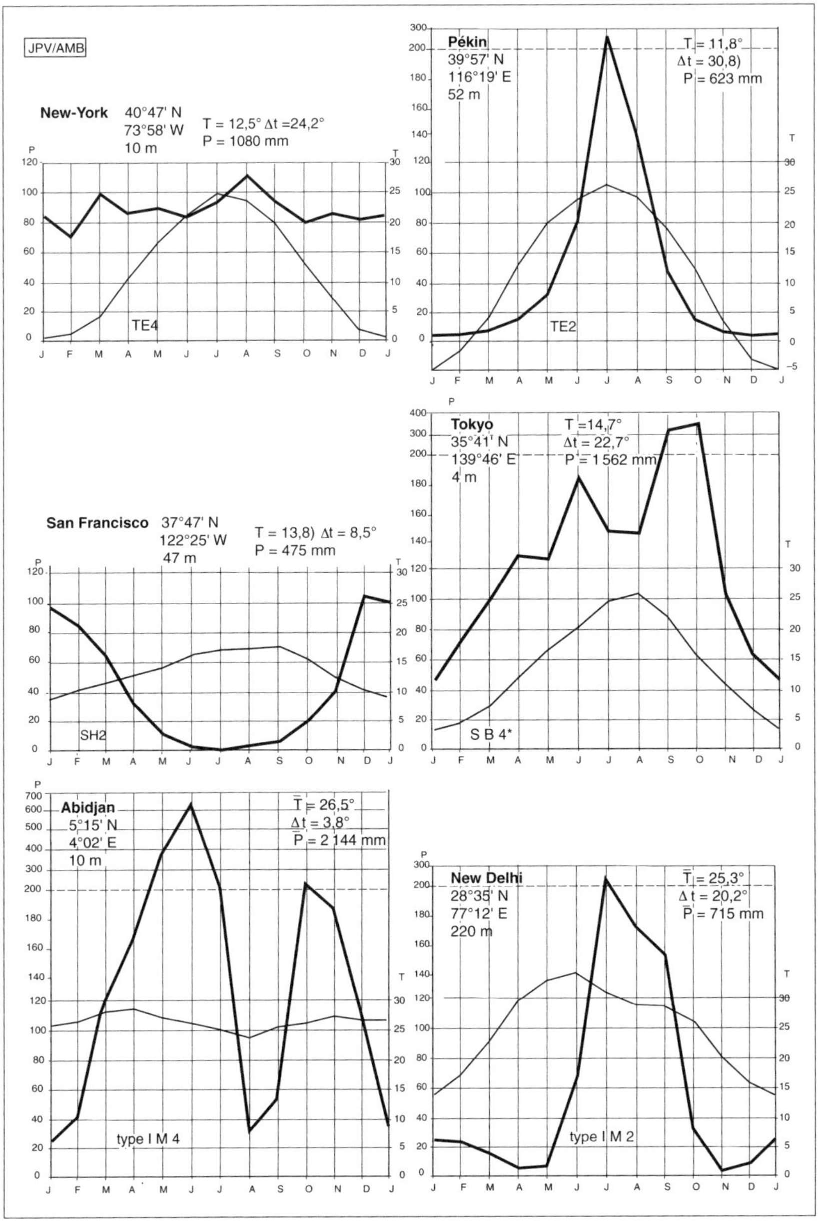

ÉLABORATION D'UN SCHÉMA DE SYNTHÈSE SUR LA DYNAMIQUE DU SYSTÈME CLIMATIQUE

La figure 67 qui résume l'argumentation des chapitres 9 et 10 considère le système climatique comme une entité, sans en retenir les composantes. Par ailleurs elle ne détaille nullement les grands facteurs qui contrôlent tant sa régulation que ses variations. Il est tentant de lui faire dire davantage, de mieux exprimer la complexité des interrelations et synergies, de préciser certains enjeux du débat actuel (**figure 85**).

Fig. 85 – **Structure et dynamique du système climatique**

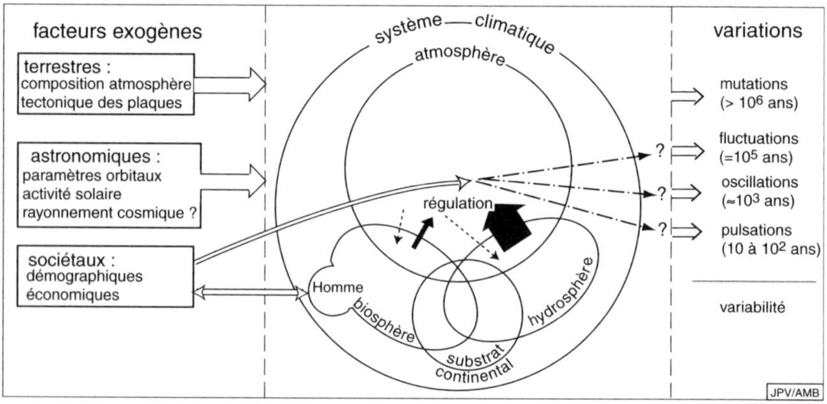

Il convient d'abord de souligner que le système ne saurait se réduire à la seule atmosphère. Pour ce faire, les facteurs endogènes sont précisés. Au lieu de simplement recouper le système, ils y sont intégrés ; et leurs interrelations suggérées par la représentation d'ensembles sécants. Cela permet de souligner la position d'interface très particulière du fonctionnement climatique. En outre, les fonctions de régulation peuvent de la sorte être représentées à l'intérieur du système dont elles sont partie intégrante.

Il est utile, ensuite, de souligner, à la fois, l'extériorité des facteurs exogènes et le fait que seuls leurs impacts sont à même de générer des variations : d'où leur position dans la colonne de gauche. La hiérarchisation, facteurs terrestres puis facteurs astronomiques, renvoie à l'ampleur de ces impacts, classés dans la colonne de droite par ordre décroissant. Le fait d'extraire la société de la biosphère pour la ranger au rang des facteurs exogènes, loin de constituer une « erreur », doit être pris comme une hypothèse qui aurait paru naguère un peu provocante, mais qui désormais est à la mode : le développement du XXe siècle n'aurait-il pas donné à l'humanité un pouvoir d'intervention (involontaire) tel qu'on puisse le considérer comme « hors normalité » ? au point d'en faire un acteur se hissant au niveau de la tectonique des plaques ou de l'activité solaire !

Cette présentation permet, en effet, de poser la question de l'ampleur de l'impact sociétal, mais en termes plus concrets que le discours (la bouillie) médiatique. L'essentiel est de déterminer si l'effet de serre additionnel ne sera pas contrebalancé par les régulations. Et, s'il ne l'est pas, quelle sera la nature de la variation :

– de l'ordre de la pulsation, donc peu détectable et sans conséquence grave ou irrémédiable ;

– de l'ordre de l'oscillation, à ceci près qu'elle pourrait se produire sur un pas de temps raccourci ; et là les conséquences seraient plus problématiques ;

– de l'ordre de la fluctuation. Le problème serait réellement crucial : alors qu'un changement naturel de cette ampleur ne se conçoit que sur un temps long, sa réalisation accélérée signifierait un formidable niveau d'anthropisation, une spectaculaire « hybridation » des temporalités.

BIBLIOGRAPHIE

Ouvrages de climatologie et météorologie

BARRY, R.G. et R.J. CHORLEY, 1992, 6e éd., *Atmosphere, Weather and Climate*, Londres, Routledge, 392 p.

BELTRANDO, G., 2004, *Les climats : processus, variabilité et risques,* Paris, A. Colin, 261 p.

BERGER, A., 1992, *Le climat de la terre, un passé pour quel avenir ?* Bruxelles, De Bœck, 479 p.

BESANCENOT, J.-P., 2001, *Climat et santé.* Paris, PUF, 128 p.

BESSE, J., A. FOURNIÉ et M. RENAUDIN, 1979, *Météorologie*, Toulouse, École nationale d'aviation civile, 4 tomes, 185, 151, 174 et 185 p.

BLÜTGEN, J., 1964, *Allgemeine Klimageographie*, Berlin, W. De Gruyter, 599 p.

CSM-EERM, 1988, *Photographies météorologiques satellitaires. Interprétation, utilisation*, Direction Météo nationale, 2 tomes, 44 et 152p.

DAB, W. et I. ROUSSEL, 2001, *L'air et la ville*, Paris, Hachette, 219 p.

DURAND-DASTES, F., 1969, *Géographie des airs*, Paris, PUF ; 275 p.

ESCOURROU, V., 1980, *Climat et environnement*, Paris, Masson, 182 p.

ESCOURROU, G., 1991, *Le climat et la ville*, Paris, Nathan, 192 p.

ESTIENNE, P. et A. GODARD, 1970, *Climatologie*, Paris, A. Colin, 365 p.

GODARD, V et M. TABEAUD, 2004 (3e éd.), *Les climats : mécanismes, variabilité, répartition*, Paris, A. Colin, 217 p.

HUFTY, H., 2001, *Introduction à la* climatologie, Bruxelles-Québec, De Boeck-Université Laval, 542 p.

KANDEL, R., 2004, 2e éd., *Le réchauffement climatique*, Paris, PUF, 128 p.

KÖPPEN, V, 1923, *Die Klimate der Erde*, Berlin.

KÖPPEN, V et R. GEIGER, 1930-1940, *Handbuch der Klimalogie*, Berlin, 5 vol.

JOUSSEAUME, S., 1993, *Climat d'hier à demain*, Paris, CNRS-CEA, 143 p.

LAMARRE, D., 1997, *Les risques liés au climat*, Dijon, EUD, 215 p.

LAMARRE, D. et P. PAGNEY, 1999, *Climats et sociétés.* Paris, A. Colin, 272 p.

LAMB, H.H., 1972, *Climate : Present, Past and Future*, Londres, Methuen, 2 vol., 648 et 835 p.

LANDSBERG, H.E., *World Survey of Climatology*, Amsterdam, Elsevier, 15 vol.

LAUER, W., 1995, *Klimatologie*, Braunscheig, Westermann, 269 p.

LEROUX, M., 1983, *Le climat de l'Afrique tropicale.* Paris, Champion, 663 + 250 p.

LEROUX, M., 2000, 2e éd., *La dynamique du temps et du climat.* Paris, Dunod, 367 p.
PAGNEY, P., 1994, 2e éd., *Les climats de la terre*, Paris Masson, 167 p.
PAGNEY, P., 1994, *Les catastrophes climatiques.* Paris, PUF, 128 p.
PÉDELABORDE, P., 1970, 2e éd., *Introduction à l'étude scientifique du climat*, Paris, SEDES, 246 p.
PÉGUY, Ch.-P., 1970, 2e éd., *Précis de climatologie*, Paris, Masson, 468 p.
PÉGUY, Ch.-P., 1989, ***Jeux et enjeux du climat***, Paris, Masson, 255 p.
QUENEY, P., 1974, *Éléments de météorologie*, Paris, Masson, 300 p.
RIEHL, H., 1954, *Tropical Meteorology*, New York, Mc Graw-Hill, 392 p.
TREWARTHA, G.T., 1962, *The Earth's Problem* Climates, Madison, University of Wisconsin Press, 334 p.
TRIPLET, J.-P. et G. ROCHE, 1977 (2e éd), *Météorologie générale*, École météorologique nationale, 317 p.
UNESCO, 1979, *Carte de la répartition mondiale des régions arides*, + notice de 55 p.
VIAUT, A., 1947, *Les aspects du temps en Europe occidentale*, Paris, Blondel la Rougery, 104 p.
VIERS, G., 2001, 3e éd., *Éléments de climatologie*, Paris, Nathan, 224 p.
VIGNEAU, J.-P., 2000, *Géoclimatologie*, Paris, Ellipses, 334 p.
WEISCHET, W. et W. ENDLICHER, 2000, *Regionale Klimatologie*, vol. 2 : *Die Alte Welt*, Stuttgart-Leipzig, Teubner, 626 p. + 9 p. hors texte.

Autres ouvrages

DAUPHINÉ, A., 2001, ***Risques et catastrophes***, Paris, A. Colin, 288 p.
GODARD, A. et M.-F. ANDRÉ, 1999, *Les milieux polaires.* Paris, A. Colin, 453 p.
LAMBERT, R., 1996, *Géographie du cycle de l'eau*, Toulouse, PUM, 439 p.
PIERY, M., 1934, *Traité de climatologie biologique et médicale*, Paris, Masson, 3 tomes (voir l'introduction du livre premier par M. Sorre).
SORRE, M., 1947, *Les fondements de la géographie humaine ; les fondements biologiques, essai d'une écologie de l'homme*, tome 1, Paris, A. Colin, 447p.
VIGNEAU, J.-P., 1996, *L'eau atmosphérique et continentale*, Paris, SEDES, 192 p.

Quelques autres publications

Association internationale de climatologie, *Publications* annuelles depuis 1988.
Bulletin de l'Association des géographes français, nombreuses séances, par exemple, *Perspectives de la géoclimatologie*, 2004, n° 4, pp.437-485.
Commission Climat et société du CNFG, nombreuses publications, par exemple, *Les types de temps*, in Norois, 2004, n° 191, 145 p.
Revue de Géographie de Lyon (*Géocarrefour)* nombreux numéros spéciaux, par exemple : 1990, n° 2 ; 1991, n° 3-4 ; 1993, n° 2-3 ; 1995, n° 3-4 ; 1997, n° 4…

Annales de Géographie, nombreux articles dont :

GODARD, A., 2001, « Changement climatique et effet de serre additionnel d'origine anthropique : un débat parfois obscur », n° 617, pp. 79-89.

LEROUX, M., 2002, « "Global Warming", mythe ou réalité ; l'évolution réelle de la dynamique du temps », n° 624, pp. 115-137.

VIGNEAU, J.-P., 2001, « La zone supratropicale dans le monde… et en France », n° 619, pp. 227-242.

LEXIQUE

La plupart des termes climatologiques employés dans cet ouvrage sont explicités dans le texte lors de leur première occurrence que l'on retrouvera grâce à l'index. Ceux qui sont définis ici correspondent à plusieurs catégories : quelques termes techniques non utilisés dans le texte et qui méritent cependant d'être connus ; quelques autres qui n'y ont reçu qu'une définition partielle ; surtout des termes polysémiques ou ambigus qui nécessitent une brève mise au point.

Abri A plusieurs utilisations en climatologie. C'est la « boite » blanche et bien aérée qui contient les instruments de mesure météorologiques (thermomètre, baromètre). C'est aussi l'effet produit par la position d'un espace quelconque protégé par un « écran » de toutes nature et dimension. S'il s'agit d'un relief, on parle de position « sous le vent » et, selon l'échelle, d'abri topographique (par exemple une montagne). Le fœhn est une manifestation de ce dernier. L'abri est à bien distinguer de la *protection aérologique* exercée par un anticyclone.

Alto- Préfixe précisant le niveau altitudinal de certains nuages ; il est fort mal choisi puisqu'il renvoie à l'étage moyen (autour de 5 km) : altocumulus et altostratus (figure 23).

Analytique Qualifie la plus ancienne méthode de la climatologie qui consiste en l'étude des divers paramètres mesurés (température, précipitations, etc.). Elle a été rénovée vers 1960 par l'introduction de la statistique, puis vers 1980 par celle de l'utilisation de nombreux algorithmes rendue possible par le progrès de l'informatique.

Anémomètre Appareil mesurant la vitesse du vent (en m/s) : vitesse instantanée des *rafales,* ou vitesse moyennée sur quelques minutes. La direction du vent est indiquée par la girouette.

Baromètre Appareil mesurant (éventuellement enregistrant) la pression atmosphérique.

Beaufort Amiral britannique qui proposa en 1805 une « échelle », graduée de 0 (calme) à 12 (ouragan), destinée à évaluer la vitesse du vent en fonction de l'état de la mer.

Bilan Terme comptable désignant la différence entre les entrées et les sorties dans tout système. Il s'applique à de nombreux aspects de la climatologie : radiatif, énergétique, hydrique...

Blocage Terme décrivant une situation dans laquelle le déplacement général est arrêté pour quelque temps à la suite du maintien sur place d'une structure tenace, ainsi un puissant anticyclone recouvrant l'Europe. La cause peut en être aérologique : persistance d'une crête affectant la circulation de moyenne et haute troposphère ; ou liée au substrat : effet de barrage des très grands reliefs.

Brouillard Type de condensation parfois, et indûment, appelée *précipitation occulte,* faite de gouttelettes maintenues en suspension à très bas niveau et limitant la visibilité horizontale à moins de 1 km (si la visibilité excède 1 km, on parle de brume). Le brouillard de rayonnement résulte d'un refroidissement sur place (nocturne par exemple), le brouillard d'advection de l'arrivée d'un air non saturé sur un substrat plus froid, le brouillard d'évaporation résulte du passage d'un air froid sur un substrat liquide plus chaud.

Calme Absence de vent caractéristique des situations météorologiques sans gradient horizontal de pression.

Canicule Terme d'origine astronomique indiquant un moment du plein été de l'hémisphère Nord et, de ce fait, utilisé pour désigner les périodes de très grande chaleur.

Cellule Terme très général utilisé en climatologie pour désigner diverses circulations, d'échelles variées, fonctionnant en circuits réels ou théoriques. Il y a ainsi les cellules convectives pouvant devenir orageuses (qualifiées de supercellules quand elles couvrent des centaines de km^2). À des ordres de grandeur plus élevés, il y a les trois grandes cellules partageant la troposphère de chaque hémisphère, ou encore les cellules de Walker proposées pour l'explication de l'oscillation australe…

Champ Terme utilisé pour signifier la distribution spatiale d'un phénomène météorologique : champ de pression, de vent…

Circulation Terme général désignant tout déplacement ou écoulement de l'air. S'applique aux mouvements « horizontaux » où il est commode de distinguer : le courant caractérisant de préférence les moyenne et haute troposphères ; le flux caractéristique des bas niveaux qui suit le tracé des isobares (et est appelé *vent géostrophique* en météorologie) ; le vent concrètement perçu.

Cirrus Type de nuages de haute troposphère, fait de cristaux de glace et n'interceptant pas le rayonnement direct. Outre l'aspect de traînées filamenteuses, ils peuvent prendre des formes rondes, cirrocumulus, ou en nappe, cirrostratus (figure 23).

Cisaillement Différence dans la vitesse d'écoulement d'airs, soit situés au même niveau altitudinal, soit circulant l'un au-dessus de l'autre.

Cumulus Type de nuage caractérisé par son développement vertical, d'ampleur variable (figure 23). Il peut se combiner à d'autres types : strato-cumulus, cumulo-nimbus.

Cyclogenèse Production de cyclone par creusement du champ de pression. Le terme tient son ambiguïté ancienne de celle de « cyclone ». De création d'une dépression, on est passé abusivement à création d'un système perturbé pour laquelle on manque de désignation appropriée.

Diagnostique Qualifie une méthode de la climatologie dont l'objectif diffère des approches plus anciennes (climatologies analytique et dynamique). Fondée sur les téléconnexions (corrélations lointaines), elle cherche à mettre en rapport des faits climatiques à peu près concomitants se produisant en des espaces éloignés.

Discontinuité Désigne toute limite entre des airs contrastés ; par exemple peut constituer un synonyme de *front*. On l'utilise ici, sous la forme *discontinuité tempérée* comme alternative à l'expression désormais rejetée de *front polaire*.

Dorsale Dans la description du champ de pression sur les cartes, signifie soit un axe anticyclonique étroit, soit une hausse de la pression après le passage d'un front (dorsale post-frontale). Le terme est aussi utilisé pour désigner l'axe de précipitations maximales en arrière d'un littoral (p. 63).

Dynamique Qualifie une des méthodes de la climatologie, apparue après les années 1940, utilisant outils (cartes synoptiques) et théories de la météorologie, tournée vers l'explication des temps par les mécanismes atmosphériques.

Élément Terme ancien utilisé pour désigner les divers paramètres mesurables (nébulosité, température, etc.) qui permettent une description analytique des climats.

Facteur Terme ancien utilisé pour désigner les diverses causes repérables du fonctionnement météorologique (champ de pression, circulation, perturbations, etc.) qui concourent à l'explication des climats.

Fraction d'insolation Formulation ambiguë utilisée par les météorologistes pour parler du pourcentage d'ensoleillement effectif d'une journée donnée par rapport à la durée astronomique de ce jour. Il est préférable de réserver ensoleillement pour parler du temps pendant lequel le soleil est visible et insolation pour évoquer l'apport énergétique de la radiation solaire.

Front Métaphore d'origine militaire qui connaît divers emplois en climatologie. Un front est la limite plus ou moins active le long de laquelle deux masses d'air sont au contact. On a longtemps appelé *front polaire* l'espace beaucoup plus vaste où naissent et circulent les perturbations. *Front intertropical* constitue une appellation obsolète de l'équateur météorologique. Mais « front » peut référer aussi aux caractéristiques du substrat continental : on parlera ainsi d'un *front orographique* résultant de la présence d'une barrière montagnarde.

Gelée Température s'abaissant sous 0 °C pendant une partie du jour, à la différence du gel qui dure tout le jour (pour la *gelée blanche,* voir « rosée »).

Giboulées Type de temps caractérisé par un ciel alternant éclaircies et passages de cumulo-nimbus donnant des averses. Il correspond à un flux de nord rapide instabilisé par la base en circulant sur le substrat continental réchauffé, au printemps surtout.

Gradient Variation d'une grandeur physique en fonction de la distance horizontale ou verticale. En matière de pression, on distingue le gradient horizontal de pression qui se mesure aisément sur une carte synoptique et le gradient vertical de pression (figure 1). Même chose en matière de température où, dans le sens vertical, il présente deux aspects : en atmosphère libre (il est fourni par les radiosondages) ou en montagne ; dans les deux cas, on l'exprime en degré Celsius par dénivellation de 100 m. Même chose en matière de précipitations où l'on s'intéresse particulièrement au gradient pluviométrique en montagne, calculé en mm/100 m.

Humidité C'est la teneur de l'atmosphère en vapeur eau. Elle n'est jamais nulle (l'air n'est jamais véritablement sec) puisque ce gaz est toujours présent. Il convient de l'aborder sous plusieurs approches. Par la pression : on parle de *tension partielle de vapeur,* exprimée en hectopascal. Par la masse : on distingue alors l'*humidité absolue* exprimée en g/m^3 d'air ; l'*humidité spécifique* en g/kg d'air (la vapeur étant comprise dans le kilogramme) ; le *rapport de mélange* en g/kg d'air (vapeur non comprise). Par le pourcentage : *humidité relative.*

Intensité Terme caractérisant l'abondance pluviale par unité de temps : tant de millimètres recueillis par le pluviographe en une, dix, trente minutes ; en une, dix, vingt-quatre heures…

Isohypse Ligne d'égale altitude (une sorte de courbe de niveau). Sur les cartes météorologiques aux divers niveaux de la troposphère, elle sert à visualiser l'altitude en mètres à laquelle on atteint une pression donnée : 850, 700, 500, 200 ou 100 hPa. Indirectement, cela permet de saisir le champ de pression au niveau correspondant.

Macro-, meso-, micro- Préfixes parfois utilisés en climatologie pour qualifier « les » trois niveaux d'échelle spatiale. Ce mode ternaire de perception, très réducteur, ne correspond à aucune réalité aérologique.

Maximum Superlatif latin signifiant « très grand » ou « le plus grand ». Mais mieux vaut, en français, l'employer comme substantif (pluriel : maxima ou maximums) et utiliser l'adjectif « maximal(e) ». Il a des utilisations variées en climatologie. En matière de précipitations, le maximum pluviométrique peut correspondre, dans le temps, au mois le plus arrosé de l'année, et, dans l'espace, au niveau montagnard le plus arrosé. En matière thermique, le maximum représente la température la plus élevée d'un jour, le maximum le plus élevé d'un mois étant l'extrême, l'extrême le plus élevé sur une longue période étant l'extrême absolu, le record.

Minimum « Très petit » ou « le plus petit » en latin, est utilisable comme maximum sur lequel il calque un certain nombre d'emplois. Le minimum pluviométrique est le mois le moins arrosé. La température minimale est la plus basse du jour ; elle a son extrême et son extrême absolu… Le minimum thermique peut correspondre au moment le plus froid d'une année ou de toute période plus longue…

Nébulosité Importance de la couverture nuageuse, de clair à totalement couvert. Sur les cartes synoptiques, elle est exprimée en octas, c'est-à-dire en huitièmes de ciel.

Nimbus Type de nuage filtrant très fortement la lumière et dont la base apparaît très sombre. Cet aspect se combine à d'autres : nimbo-stratus, cumulo-nimbus...

Perturbation Terme traditionnellement utilisé pour qualifier la pluviogenèse. Pourtant, du fait de son sens habituel (trouble, déséquilibre), il est fort peu satisfaisant de l'attribuer à un mécanisme constitutif du fonctionnement même de l'atmosphère. Le meilleur terme général est *système pluviogène.* Et si l'on tient à conserver perturbation, autant la réserver aux systèmes pluviogènes frontaux des latitudes supratropicales, tempérées et hautes ; et éviter de l'employer pour les systèmes purement convectifs ainsi que tous ceux propres à la zone chaude.

Pluviomètre Appareil mesurant la pluie exprimée en millimètre (une « hauteur de 1 mm équivalant à un apport d'un litre par m^2 de surface »). Il existe des pluviographes enregistreurs retraçant le déroulement des averses et permettant de mesurer les variations de leur intensité. Pour la mesure de la neige, on utilise des nivo-pluviomètres totalisateurs ou des « tables à neige ».

Radar Le « balayage » effectué par des appareils utilisant cette technique permet d'évaluer à distance la taille des gouttes contenues dans les nuages et donc l'intensité des pluies en cours.

Rosée Condensation de la vapeur contenue dans les très basses couches à la suite du refroidissement nocturne, déposant des gouttelettes sur la végétation par exemple. Lorsque la température est négative, elle prend la forme de *gelée blanche.*

Saison Ce mot très banal doit être manié avec précaution. On ne confondra pas les saisons astronomiques (bornées par les équinoxes et solstices) avec les saisons hydrologiques ou climatiques. Pour ces dernières, on se gardera d'exporter le découpage, traditionnel mais sans véritable intérêt, en 4 saisons de durée égale à des types climatiques où il n'a pas la moindre signification. Selon les domaines les délimitations des saisons sont thermiques, pluviométriques ou prennent en compte toutes les caractéristiques des ambiances.

Satellite Outil dont la contribution a été essentielle aux progrès de météorologie et climatologie. Les images sont fournies par deux types de satellites : ceux dits *à défilement* qui tournent autour de la terre à quelques centaines de kilomètres d'altitude et ceux qui sont dits *géostationnaires* positionnés au-dessus d'un même point à quelque 36 000 km. Selon les caractéristiques des radiomètres embarqués, les images sont dans des longueurs d'onde différentes ; il y a le « canal » visible, les canaux infrarouges (propres à indiquer la température du sommet des nuages ou du substrat), le canal vapeur d'eau (qui permet de visualiser la masse éventuellement précipitable).

Stratus Type de nuage de faible développement vertical. De telles « nappes » se situent à tous niveaux ; stratus bas, stratus, altostratus, cirrostratus.

Thermodynamique Qualifie les mouvements liés à la livraison différentielle d'énergie par le substratum.

Elle se manifeste spécialement par les effets convectif et radiatif.

Thermomètre Appareil destiné à la mesure de la température. Il est gradué en degrés Celsius (°C), du nom d'un physicien suédois du XVIIIe siècle, avec comme repères 0 °C pour la température de congélation de l'eau et 100 °C pour celle d'ébullition. Chez les Anglo-Saxons subsiste l'échelle Fahrenheit (physicien allemand du début du XVIIIe siècle). La conversion peut s'effectuer à l'aide de la formule : T (°C)/5 = T (°F) – 32/9.

Trombe Colonne d'air, ascendante, de très faible diamètre, tourbillonnant à grande vitesse, aspirant l'eau sur le substrat océanique et aspirant les poussières sur le substrat continental.

Turbulence Mouvement irrégulier en vitesse et en direction. Il accompagne tout déplacement d'air ; il est particulièrement sensible là où intervient la rugosité du substrat. Une turbulence de faible ampleur suffit à maintenir en suspension les gouttelettes des brouillards et nuages.

INDEX DES TERMES CLIMATOLOGIQUES

T

U

V

Z

10114413 - (I) - (1,8) - OSB 100° - NOC - ABR
Imprimé en France par EMD S.A.S.
53110 Lassay-les-Châteaux
N° dossier : 13881 – Dépôt légal : juin 2005